ZEITSCHRIFT für Meteorologie

Herausgeber Prof. Dr. R. SÜRING

Direktor des Meteorologischen Zentralobservatoriums Potsdam

unter Mitwirkung von

Prof. Dr. G. Falckenberg-Warnemünde · Prof. Dr. W. König-Potsdam
und Prof. Dr. F. Schindelhauer-Potsdam

JAHRGANG 1 6. HEFT MÄRZ 1947

DEUTSCHER
ZENTRALVERLAG GMBH
BERLIN

Inhaltsverzeichnis

Seite

Aufsätze und kleinere Mitteilungen:

Meteorologische und geophysikalische Sonderberichte:

Bibliographie:

Zeitschrift für Meteorologie

Herausgegeben
von
R. Süring-Potsdam, Meteorologisches Zentralobservatorium
unter Mitwirkung von
Prof. Dr. G. Falckenberg-Warnemünde, Prof. Dr. W. König-Potsdam und
Prof. Dr. F. Schindelhauer-Potsdam

Heft 6 | Potsdam | März 1947

Theorie der Schrägsicht

Von Dr. Leonhard Foitzik - Lindenberg (Krs. Beeskow)

Mit 10 Abbildungen

Einleitung und Problemstellung.

Die meteorologische Sichtweite stellt eine außerordentlich komplexe Größe dar. Obgleich ihre Definition einfach ist[1]), hängt sie doch von vielen und verschiedenartigen Parametern ab. Ein Teil der Parameter ist meteorologisch bedingt (Trübungszustand längs der Sehstrahlpyramide, Beleuchtungsverhältnisse, Bewölkung), ein Teil der Parameter wird durch Zieleigenschaften bestimmt (Ziellage, Zielgröße, Reflexionsvermögen und Farbe des Zieles) und ein weiterer Teil der Parameter ist schließlich auf physiologische Eigenschaften des Auges zurückzuführen (Abhängigkeit des Kontrast-Schwellenwertes vom Zielwinkel, von der Zielhelligkeit, von der Zielform). Es scheint fast aussichtslos zu sein, bei der Vielfalt der Parameter die Sichtweite einer theoretischen Behandlung zu unterziehen. Ein solcher Versuch m u ß auch als aussichtslos bezeichnet werden, wenn man etwa für einen speziellen Fall, wie er in der Praxis vorliegt, die Sichtweite eines gegebenen Zieles bei gegebenen meteorologischen Verhältnissen streng berechnen will. Die Sichtweite läßt sich vielmehr nur dann theoretisch behandeln, wenn vereinfachende Voraussetzungen gemacht werden.

Es erhebt sich dann allerdings die Frage, wieweit die Berechnung der Sichtweite überhaupt noch Sinn hat, und ob es nicht zweckmäßiger ist, die Sichtweite von vornherein als eine reine Beobachtungsgröße hinzunehmen, die jeder Messung, sowie physikalischer oder mathematischer Behandlung unzugänglich ist. Dieser Standpunkt wird auch verschiedentlich vertreten, und zwar von denjenigen, die nur daran interessiert sind, wie weit sie bestimmte Gegenstände sehen oder erkennen können, wie es etwa bei Flugzeugführern und -beobachtern der Fall ist.

Die Meteorologie und speziell die Synoptik ist an der Sichtweite jedoch vor allem deshalb interessiert, weil sie den Trübungszustand der bodennahen Luftschichten charakterisiert. Für diesen Fall interessieren also diejenigen Parameter, die durch Ziel- oder Augeneigenschaften gegeben sind, überhaupt nicht, und von den meteorologischen Parametern sind auch die Beleuchtungsverhältnisse und die Bewölkung für den Einfluß auf die Sichtweite uninteressiert. Die Sichtweite als einen Anhaltspunkt für den Trübungszustand der bodennahen Luftschichten zu haben, das ist das Bedürfnis und das Bestreben der Synoptik.

Es ist das Verdienst von H. K o s c h m i e d e r, durch seine Theorie der horizontalen Sichtweite[2]) den Weg gewiesen zu haben, die Sichtweite nicht nur als zufällige Beobachtungsgröße, sondern als meteorologisches Element, wie den Luftdruck, die Lufttemperatur usw. zu behandeln. Die zuerst sehr bestrittene Aussage seiner Theorie, daß die Sichtweite eines schwarzen Zieles unter gewissen Voraussetzungen unabhängig von den Beleuchtungverhältnissen, also insbesondere auch vom Sonnenazimut ist, und daß sich die Sichtweite außerordentlich einfach als reziproker Wert des Schwächungszustandes darstellen läßt, ist die Grundlage jeder Sichtmessung und jedes Sichtmeßverfahrens.

Die Sichtweite s nach der Koschmiederschen Theorie ist ein eindeutiges Maß für den Trübungszustand der bodennahen Luftschicht und ist, bei Festlegung des Kontrast-Schwellenwertes zu 0,02 mit dem Schwächungsexponenten z durch die Fundamentalbeziehung $s = 3.91/z$ verknüpft. Aus dem Bestreben des Synoptikers, die Sichtweite als einen Anhaltspunkt für den Trübungszustand der bodennahen Luftschicht zu erhalten, hat sich nun die Möglichkeit entwickelt, die Sichtweite sogar als physikalische Maßeinheit für den Trübungszustand der Luft ganz allgemein zu verwenden, und die Entwicklung der letzten Jahre hat gezeigt, daß von vielen Seiten und nicht nur auf meteorologischem Sektor, dieser Weg beschritten wird. Man spricht also z. B. von der Sichtweite an einem Punkt oder in einer gewissen Höhe, oder bei fehlender oder mangelhafter Beleuchtung von der Sichtweite in der Nacht oder in der Dämmerung. Der so benutzte Begriff der Sichtweite stellt dann keineswegs mehr diejenige Entfernung dar, bis zu der ein bestimmtes Ziel t a t s ä c h l i c h z u s e h e n i s t, sondern er gibt die Entfernung an, bis zu der ein schwarzes Ziel z u s e h e n w ä r e, wenn die von der Theorie gefor-

[1]) Auch die Definition für die Sichtweite ist nicht einheitlich. Hier soll die Sichtweite als diejenige Entfernung definiert werden, in welcher der Kontrast zwischen Ziel und Umgebung gerade gleich dem Kontrast-Schwellenwert des Auges ist, das Ziel also gerade an der Grenze der Sichtbarkeit liegt.

[2]) *H. Koschmieder*, Theorie der horizontalen Sichtweite, Beitr. Phys. fr. Atm. *12*, 33, 171.

derten Beleuchtungsverhältnisse sowie der Kontrast-Schwellenwert von 0,02 vorlägen und längs der ganzen horizontal verlaufenden Sehstrahlpyramide der gleiche Trübungszustand vorhanden wäre.

Für die so definierte Sichtweite, die als physikalische Maßeinheit an Stelle des Schwächungsexponenten, des Extinktionskoeffizienten, des Durchlaßgrades, des Trübungsfaktors oder anderer benutzter Einheiten anzusehen ist, und allen anderen Maßeinheiten infolge ihrer unmittelbaren Anschaulichkeit überlegen ist, wurden von verschiedenen Seiten besondere Bezeichnungen vorgeschlagen, z. B. repräsentative Sichtweite[3]), Luftlichtweite[4]). Von einem größeren Arbeitskreise, bei dem verschiedene interessierte Fachinstitute vertreten waren, wurde im Jahre 1944 die Bezeichnung Normsichtweite angenommen. Diese Bezeichnung soll auch im Folgenden Anwendung finden.

Nachdem die Erkenntnis so weit gediehen war, ergaben sich zwei Aufgabengebiete. Das erste Aufgabengebiet besteht darin, die Normsichtweite an geeigneten Beobachtungsstellen möglichst einwandfrei zu bestimmen, nach Möglichkeit zu messen oder zu registrieren. Das zweite Aufgabengebiet besteht darin, aus der Normsichtweite Angaben über die tatsächliche Sichtweite in speziellen Fällen zu machen. Während das erste Aufgabengebiet vorwiegend experimentell zu lösen ist, bzw. teilweise gelöst ist, sind für das zweite Aufgabengebiet vielfach theoretische Erweiterungen der Koschmiederschen Sichttheorie erforderlich, die gemeinsam mit statistischer Bearbeitung gleichzeitig erfolgter Sichtschätzungen und Sichtmessungen Erfolg versprechen.

So sind in den letzten Jahren verschiedene Teilaufgaben des zweiten Aufgabengebietes nach dem erwähnten Verfahren erfolgreich bearbeitet und bereits ziemlich weitgehend gelöst worden, z. B. die Abhängigkeit der Sichtweite in der Dämmerung von der Normsichtweite, die Abhängigkeit der Sichtweite von Lichtern bei Nacht (Tragweite bei Nacht) von der Normsichtweite, die Abhängigkeit der Sichtweite von Zielen im Scheinwerferstrahl (Reichweite von Scheinwerfern) bei Nacht von der Normsichtweite.

Die Behandlung der Schrägsicht, die gleichfalls als ein Teil des zweiten Aufgabengebietes zu betrachten ist, erfordert in einem wesentlichen Punkte eine Erweiterung der Koschmiederschen Sichttheorie. Eine grundsätzliche Voraussetzung bei Koschmieder ist die Konstanz des Schwächungexponenten längs der Sehstrahlpyramide. Für die horizontale Sichtweite trifft diese Voraussetzung mit gewisser Annäherung wohl vielfach zu, sofern nicht besondere Trübungsinhomogenitäten am Rande von Großstädten oder Industriegebieten, an der Meeresküste oder bei besonderen Wetterlagen vorliegen. Für die Schrägsicht trifft jedoch diese Voraussetzung niemals zu, auch nicht mit gröbster Annäherung. Die theoretische Behandlung der Schrägsicht verlangt also eine Erweiterung der Sichttheorie für inhomogene Trübung längs der Sehstrahlpyramide. Auf die Lösung dieser Aufgabe, wofür bisher kaum Ansätze in der Literatur vorliegen [5]), läuft die theoretische Behandlung der Schrägsicht im wesentlichen hinaus.

Treten bei der horizontalen Sichtweite bereits eine größere Anzahl von Parametern auf, so werden diese bei der Schrägsicht noch vermehrt durch die vertikale Trübungsschichtung und durch den Winkel der Blickrichtung gegen die Vertikale. Man kann also bezüglich der Schrägsicht noch weniger als bezüglich der Horizontalsicht erwarten, daß eine Theorie in der Lage sein wird, jeden beliebigen Fall der Schrägsicht rechnerisch zu behandeln, es müssen vielmehr auch hierbei große Vereinfachungen vorgenommen werden. Besonders große Vereinfachungen müssen in Bezug auf die vertikale Trübungsschichtung vorgenommen werden, vor allem schon deshalb, weil genauere experimentelle Ergebnisse über die vertikale Trübungsschichtung bisher überhaupt gar nicht vorliegen.

Eine weitere besondere Schwierigkeit bei der Schrägsicht sind die Zieleigenschaften. Während man bei der Horizontalsicht meist natürliche Ziele vorfindet, die angenähert den Voraussetzungen der Theorie entsprechen, nämlich schwarze Ziele von einem Sehwinkel 1°, die sich gegen den Horizontalhimmel abheben (dunkle Nadelwälder, dunkle Gebäude), muß man bei der Schrägsicht im allgemeinen mit ganz anders gearteten Zielen rechnen. Für die Schrägsicht vom Erdboden aus kommen vorwiegend Flugkörper in Frage, die im allgemeinen nicht schwarz sind und unter einem sehr viel kleineren Winkel als 1° gesehen werden. Für die Schrägsicht aus der Höhe zum Erdboden hin hebt sich das Ziel nie gegen den Himmel ab und der Kontrast zwischen Ziel und Umgebung ist im allgemeinen nicht bekannt und überdies von den Beleuchtungsverhältnissen (Wolkenschatten) außerordentlich stark abhängig. Bei der theoretischen Behandlung der Schrägsicht wird in dieser vorliegenden Untersuchung der Einfluß der Zieleigenschaften auf die Schrägsicht nicht berücksichtigt, sofern es sich um Erdziele handelt, da hierfür erst noch experimentelle Unterlagen beschafft werden müssen. Die Zieleigenschaften von Luftzielen lassen sich theoretisch leichter erfassen und sollen hier auch in gewissen Grenzen Berücksichtigung finden. Die hier behandelte Theorie der Schrägsicht ist also in erster Linie für die Schrägsicht vom Erdboden in die Höhe gedacht, es ist jedoch durchaus möglich, daß sie auch die Grundlage für eine Behandlung der Schrägsicht aus der Höhe zum Erdboden hin dienen kann.

II. Der Kontrast eines schwarzen Zieles als Funktion der Entfernung.

Die Helligkeit H_z eines schwarzen Zieles, das sich in der Entfernung l befindet und sich gegen den Horizonthimmel, dessen Helligkeit H_h beträgt, abhebt, wird nach der Koschmiederschen Sichttheorie durch die Luftlichtformel

$$H_z = H_h (1 - e^{-z \cdot l}) \qquad (1)$$

dargestellt, wenn mit z der als konstant anzunehmende Schwächungsexponent im Bereich der Sehstrahlpyra-

[3]) *H. Sebastian*, Sicht und Sichtbestimmungen, Gerl. Beitr. Geophys. *45*, 35, 1935.

[4]) *F. Löhle*, Über Luftlichtmessungen im Schwarzwald, Beitr. z. Phys. fr. Atm. *23*, 129, 1936.

[5]) Bekannt sind dem Verfasser außer einer sehr primitiven Theorie der Schrägsicht von *Burkhart* „Horizontal- und Schrägsicht", Das Wetter *59*, 44—45, 1942, sowie einer Behandlung der Schrägsicht in einer unveröffentlichten Abhandlung von *Siedentopf* „Luftlichtuntersuchungen 1", Jena 1944, Universitätssternwarte, die Ansätze von *F. Löhle*, „Über die Schrägsicht", Met. Zt. 52, 435, 1935.

mide vom Beobachter bis zum Ziel bezeichnet wird. Definiert man als Kontrast Ziel gegen Hintergrund die Größe

$$K = \frac{H_h - H_z}{H_h} \qquad (2)$$

so läßt sich der Kontrast nach Gleichung (1) durch

$$K = e^{-z \cdot l} \qquad (3\,a)$$

oder $$\log K = -0{,}434 \cdot z \cdot l \qquad (3\,b)$$

ausdrücken. log K als Funktion von der Entfernung l mit z als Parameter aufgetragen ergibt für jeden z-Wert eine Gerade, die für l = o durch den Punkt K = 1 (log K = 0) geht und deren Neigung durch z bestimmt wird[6]). In Abb. 1 stellen als Beispiel die

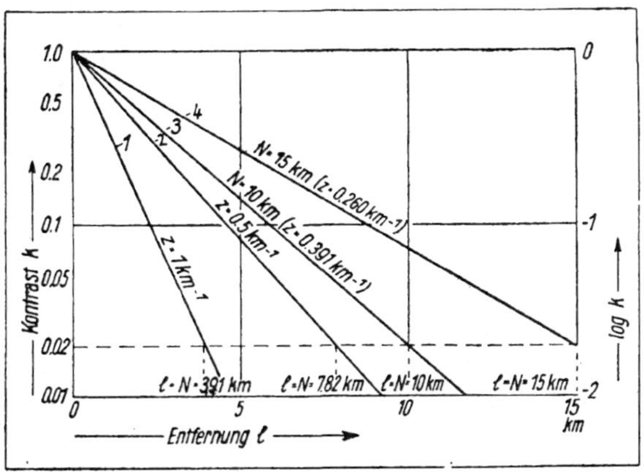

Abb. 1. Der Kontrast als Funktion der Entfernung für homogene Trübung.

Kurven 1 und 2 zwei derartige Geraden für z = 1 bzw. z = 0,5 dar.

Die Normsichtweite N ist als diejenige Entfernung des Zieles definiert, in welcher der Kontrast den Schwellen-Wert $\varepsilon = 0{,}02$ erreicht. Für jede der beiden Geraden 1 und 2 in Abb. 1 ist also für $K = \varepsilon = 0{,}02$ die Entfernung l gerade gleich der Normsichtweite, der Schnittpunkt der Geraden mit der Abszissenparallelen durch K = 0,02 gibt somit die zugehörige Normsichtweite an. Es ist daher zweckmäßig, als Parameter nicht den Schwächungsexponenten, sondern die Normsichtweite N zu wählen. Wird in Gleichung (3) $K = \varepsilon$ und l = N gesetzt, so erhält man aus

$$\varepsilon = e^{-z\,N} \text{ bzw. } N = \frac{1}{z} \ln 1/\varepsilon \qquad (4\,a)$$

die Sichtweitenformel

$$N = 3{,}91/z \text{ oder } z = 3{,}91/N \qquad (4\,b)$$

die den Zusammenhang zwischen z und N vermittelt. Gleichung (4) in (3) eingesetzt, ergibt

$$K = e^{-3{,}91 \cdot l/N} \qquad (5\,a)$$

oder $$\log K = -1{,}70 \cdot l/N \qquad (5\,b)$$

In den Kurven 3 und 4 in Abb. 1 sind als Beispiel die Gleichungen (5) für N = 10 km bzw. N = 15 km graphisch dargestellt, und zwar jeweils durch eine Gerade die für K = 1 durch l = 0 und für $K = \varepsilon = 0{,}02$ durch l = N = 10 km, bzw. l = N = 15 km geht.

Das Gleichungspaar (5) entspricht dem Gleichungspaar (3), der Schwächungsexponent ist durch die Normsichtweite ersetzt. Die Gleichungen (3 a) und (5 a) haben eine ganz ähnliche Form wie die Gleichung für die Abnahme des Lichtstromes Φ eines Strahlenbündels von seinem Anfangswert Φ_0 in der getrübten Atmosphäre; es ist bekanntlich

$$\Phi/\Phi_0 = e^{-z \cdot l} = e^{-3{,}91\, l/N} \qquad (6)$$

Man kann diese Ähnlichkeit folgendermaßen ausdrücken: In einem trüben Medium nimmt der Kontrast eines schwarzen Zieles gegen seine Umgebung zahlenmäßig in der gleichen Weise ab wie der auf den Anfangswert bezogene Lichtstrom eines Strahlenbündels. In diesem Satz ist auch die von einigen Autoren gemachte Feststellung enthalten, daß die Normsichtweite gegeben ist durch diejenige Entfernung, in der ein paralleles Lichtbündel in der Atmosphäre bis auf den Wert von 2 % geschwächt wird[7]).

Es werde nun die Annahme gemacht, daß im ersten Teil der Sehstrahlpyramide bis zur Entfernung l_1 der Schwächungsexponent z_1, von l_1 ab jedoch der Schwächungsexponent z_2 herrsche. Dem Schwächungsexponent z_1 sei die Normsichtweite N_1, dem Schwächungsexponent z_2 die Normsichtweite N_2 zugeordnet. Es sei $l_1 < N_1$ und $z_2 < z_1$. Es soll nun der Kontrast eines schwarzen Zieles, das sich vom Beobachter in Richtung l weg bewegt, gegen den Horizonthimmel betrachtet werden. Von l = 0 bis $l = l_1$ ist für den Kontrast Gleichung (3 a) mit $z = z_1$ anzusetzen

also $$K_1 = e^{-z_1 \cdot l} \qquad 0 \leq l \leq l_1 \qquad (7)$$

Für $l \geq l_1$ setzt sich der Exponential-Ausdruck aus zwei Summanden zusammen, und zwar ist für die Abnahme des Kontrastes längs der Strecke l_1 der Schwächungsexponent z_1 maßgeblich, für die Abnahme des Kontrastes längs der Strecke $l - l_1$ der Schwächungsexponent z_2. Man erhält also

$$\begin{aligned} K_2 &= e^{-[z_1 \cdot l_1 + z_2 (l - l_1)]} \\ &= e^{-[(z_1 - z_2) \cdot l_1 + z_2 \cdot l]} \end{aligned} \qquad (8)$$

Faßt man Gleichung (7) und (8) zusammen und setzt $K_2 = \varepsilon = 0{,}02$, so ist die Entfernung l gleich der Sichtweite. Dieser Schritt läßt sich am leichtesten graphisch durchführen, wie in Abb. 2 an einem Bei-

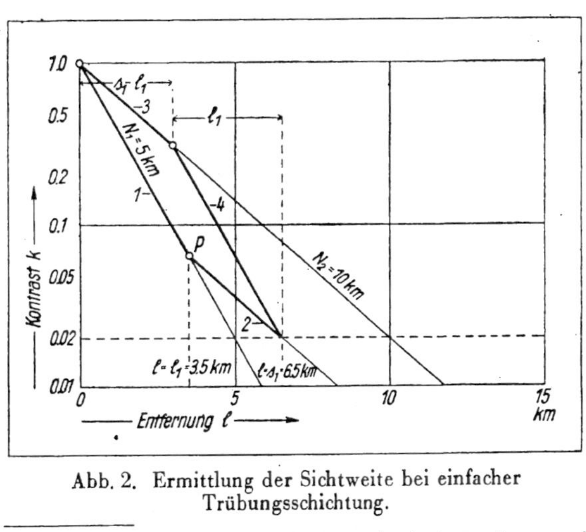

Abb. 2. Ermittlung der Sichtweite bei einfacher Trübungsschichtung.

[6]) *Schönwald*, Untersuchungen über die Gesetzmäßigkeiten des Sehens und der Sichtweite, Habilitationsschrift der Karls-Universität Prag 1943.

[7]) *F. O. Hulburt*, Optics of atmospheric haze, Journ. of the optical Soc. of America *31*, 467—476, *1941*.
B. Schönwald l. c.

spiel gezeigt wird. An Stelle von z_1 und z_2 wurden in Abb. 2 die Normsichtweiten $N_1 = 5$ km und $N_2 = 10$ km angenommen, l_1 wurde zu 3,5 km gewählt. Von $l = 0$ bis $l = l_1$ gibt das Kurvenstück 1 die Gleichung (7) wieder. Gleichung (8) kann auch in der Form

$$\log K_2 = -0{,}434\,(z_1 - z) \cdot l_1 - 0{,}434 \cdot z_2 \cdot l \qquad l \geq l_1 \qquad (9)$$

geschrieben werden und stellt eine Gerade dar, deren Neigung durch z_2 gegeben ist und die für $l = l_1$ einen gemeinsamen Punkt mit der Geraden der Gleichung (7) hat. Gleichung (8) bzw. (9) wird also in Abb. 2 durch eine Gerade dargestellt, die durch Punkt P geht und parallel zu der durch $K = 1$, $l = 0$ gehenden Geraden für die Normsichtweite $N_2 = 10$ km verläuft. Der Schnittpunkt der Geraden 2 mit der Abszissenparallelen durch $K = \varepsilon = 0{,}02$ ergibt die Sichtweite mit $s_1 = 6{,}5$ km.

Nimmt man an, daß längs der Sehstrahlpyramide bis zur Entfernung l_1 der Schwächungsexponent z_1, von l_1 bis l_2 der Schwächungsexponent z_2 und von l_2 ab der Schwächungsexponent z_3 herrschte, so sind für die Darstellung des Kontrastes als Funktion der Entfernung drei Gleichungen notwendig. Es sei wieder $l_1 < N_1$, ferner $l_2 < s_1$ und $z_3 < z_2 < z_1$. Für den Bereich $0 \leq l \leq l_1$ gilt Gleichung (7). Für den Bereich $l_1 \leq l \leq l_2$ gilt Gleichung (8) bzw. Gleichung (9), und für den Bereich $l \geq l_2$ ist analog zu Gleichung (8) anzusetzen

$$K_3 = e^{-\left[z_1 \cdot l_1 + z_2 (l - l_1) + z_3 (l - l_2)\right]}$$

$$= e^{-\left[(z_1 - z_2) \cdot l_1 + (z_2 - z_3) \cdot l_2 + z_3 \cdot l\right]} \qquad (10)$$

$$\text{oder} \log K_2 = -0{,}434\left[(z_1 - z_2) l_1 + (z_2 - z_3) \cdot l_2\right] - 0{,}434 \cdot z_3 \cdot l \qquad (11)$$

Gleichung (11) ist eine Gerade mit einer durch z_3 gegebenen Neigung und einem gemeinsamen Punkt mit der Geraden der Gleichung (9) für $l = l_2$. Abb. 3 zeigt

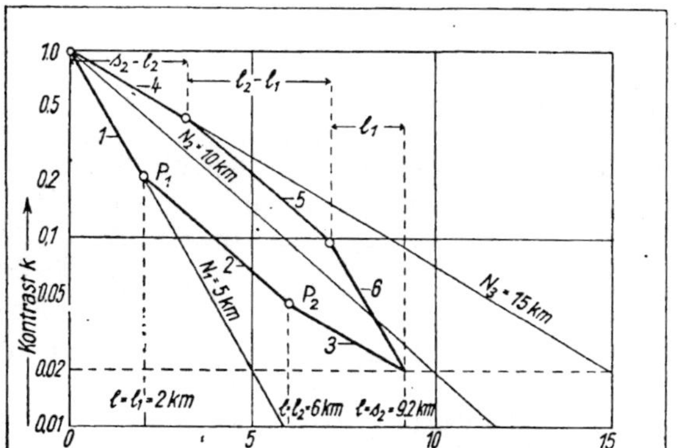

Abb. 3. Ermittlung der Sichtweite bei doppelter Trübungsschichtung.

als Beispiel die graphische Darstellung der Gleichungen (7), (9) und (11) für $N_1 = 5$ km, $N_2 = 10$ km, $N_3 = 15$ km, $l_1 = 2$ km und $l_2 = 6$ km. Von 0 ab nimmt der Kontrast längs der Normsichtkurve für N_1 (Gerade 1) bis zum Punkt P_1 ab, der durch $l = l_1$ gegeben ist. Durch P_1 ist zur Normsichtkurve für N_2 eine Parallele zu zeichnen (Gerade 2), längs der der Kontrast bis zum Punkt P_2 abnimmt, der durch $l = l_2$ gegeben ist, und durch P_2 ist eine Parallele zur Normsichtkurve für N_3 zu zeichnen (Gerade 3), deren Schnittpunkt mit der Abszissenparallelen durch $K = \varepsilon = 0{,}02$ die Sichtweite $s_2 = 9{,}2$ km angibt.

Sind längs der Sehstrahlpyramide nicht 3 Bereiche mit verschiedenen Schwächungsexponenten vorhanden, sondern n Bereiche mit den Schwächungsexponenten $z_1, z_2 \ldots z_n$ und den entsprechenden Entfernungen $l_1, l_2 \ldots l_{n-1}$, so sind n Gleichungen aufzustellen, von denen die n^{te} Gleichung lautet:

$$\log K_2 = -0{,}434\left[(z_1 - z_2)\, l_1 + (z_2 - z_3)\, l_2 + \ldots (z_{n-1} - z_n)\, l_{n-1}\right] - 0{,}434 \cdot z_n \cdot l \qquad (12)$$

Nach dem Vorbild von Abb. 3 kann dann die Sichtweite s_{n-1} graphisch bestimmt werden.

Die Gleichungen (8) bis (11) behalten auch ihre Gültigkeit, wenn $z_2 > z_1$ und $z_3 > z_2 > z_1$. Wählt man insbesondere die gleichen Schwächungsexponenten bzw. Normsichtweiten wie in den Beispielen der Abb. 2 und 3, nimmt jedoch ihre Verteilung längs der Sehstrahlpyramide bei gleicher Dicke in umgekehrter Reihenfolge an, so gelangt man zu zahlenmäßig den gleichen Sichtweiten s_1 bzw. s_2. In der Abbildung 2 (Geradenstücke 3 und 4) und Abbildung 3 (Geradenstücke 4, 5 und 6) ist die Abnahme des Kontrastes mit der Entfernung bei umgekehrter Verteilung der Schwächungsexponenten graphisch dargestellt, aus der geometrischen Lage der einzelnen Geradenstücke 1 bis 4 in Abb. 2 bzw. 1 bis 6 in Abb. 3 geht ohne weiteres hervor, daß sich die Geradenstücke 2 und 4 der Abb. 2 in s_1 und die Geradenstücke 3 und 6 der Abb. 3 in s_2 schneiden müssen.

Man kann also allgemein folgende Aussage für eine inhomogene getrübte Atmosphäre machen, vorausgesetzt, daß gleichmäßige Beleuchtungsverhältnisse, wie sie in der Theorie der horizontalen Sichtweite gefordert werden, vorliegen:

Befindet sich für einen Beobachter in A ein schwarzes Ziel in B gerade in der horizontalen Sichtweite, so liegt auch für einen Beobachter in B ein schwarzes Ziel in A in der horizontalen Sichtweite.

Diese Aussage gilt nicht nur für die Sichtweite, der ja ein Kontrastschwellenwert von 0,02 zugeordnet ist, sondern allgemein für das Erreichen irgend eines Kontrastwertes, so daß sich folgender Satz aussagen läßt:

In einer inhomogenen getrübten Atmosphäre hat für einen Beobachter in A ein schwarzes Ziel in B den gleichen Kontrast wie ein schwarzes Ziel in A für einen Beobachter in B, vorausgesetzt, daß der Hintergrund durch den Horizonthimmel gebildet wird und gleichmäßige Beleuchtungsverhältnisse zwischen Beobachter und Ziel vorliegen[8]).

[8]) Infolge der Analogie zwischen der Abnahme des Kontrastes und der Abnahme des Lichtstromes von Strahlenbündeln (Gleichung (5) und (6), läßt sich auch folgende Aussage machen: In einer inhomogenen getrübten Atmosphäre nimmt der Lichtstrom eines Strahlenbündels längs der Strecke A—B um den gleichen Betrag relativ zu seinem Anfangswert ab, wie der Lichtstrom eines Strahlenbündels längs der Strecke B—A. Während diese letztere Aussage ohne weiteres einleuchtet, wird die analoge Aussage über den Kontrast wahrscheinlich nicht als selbstverständlich empfunden.

III. Die horizontale Sichtweite eines schwarzen Zieles in einer inhomogenen getrübten Atmosphäre.

Im vorigen Abschnitt wurde die Methode entwickelt, nach der die Sichtweite bestimmt werden kann, wenn irgend eine horizontale Trübungsschichtung vorliegt. Für den Fall einer kontinuierlichen Trübungsschichtung, wie sie im allgemeinen vorhanden sein dürfte, muß das angegebene Verfahren noch besonders vereinfacht werden, um es anwenden zu können. Es soll angenommen werden, daß am Ort des Beobachters die Normsichtweite N_0 herrsche und daß die Normsichtweite längs der Sehstrahlpyramide linear zunehme. Der Gradient der Normsichtweite längs der Sehstrahlpyramide sei $\gamma = \frac{dN}{dl}$ Es sollen drei Fälle zahlenmäßig behandelt werden, die Normsichtweite N_0 sei in jedem der drei Fälle gleich 10 km, und sie nehme im ersten Falle um ½ km pro 1 km Entfernung, im zweiten Falle um 1 km pro 1 km Entfernung und im dritten Falle um 2 km pro 1 km Entfernung zu. Es sei also $\gamma_1 = 0{,}5$, $\gamma_2 = 1$ und $\gamma_3 = 2$. Um das im vorigen Abschnitt beschriebene graphische Verfahren zur Bestimmung der Sichtweite anwenden zu können, wird

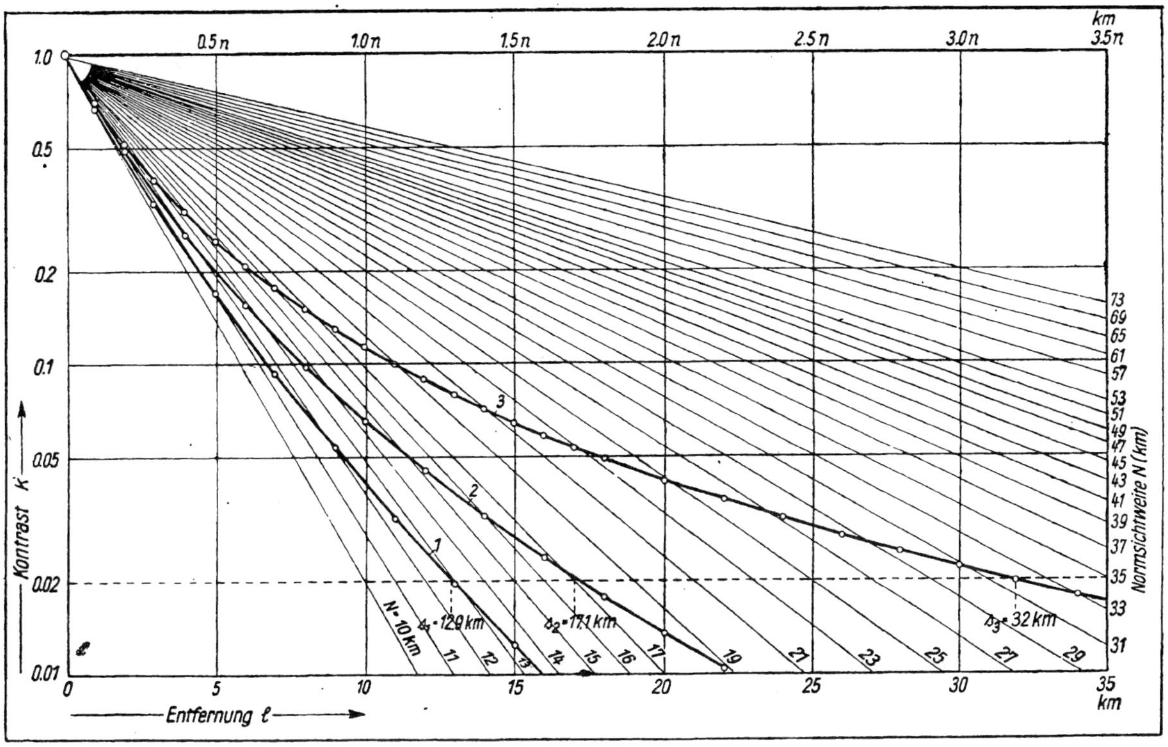

Abb. 4. Ermittlung der Sichtweite bei kontinuierlichter Trübungsschichtung.

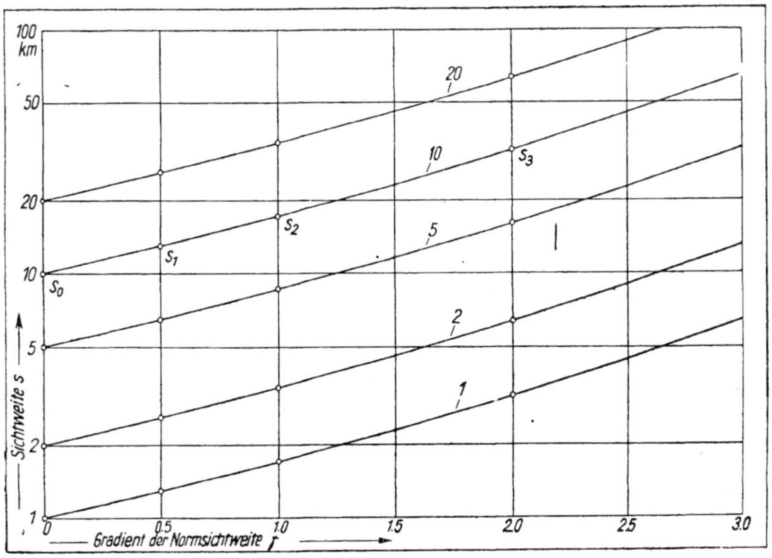

Abb. 5. Sichtweite in einer Atmosphäre mit inhomogener Trübung.

die kontinuierliche Zunahme der Normsichtweite durch eine stufenförmige angenähert.

In Abb. 4 ist nach dem Schema der Abb. 2 und 3 der Kontrast als Funktion der Entfernung konstruiert und zwar gilt Kurve 1 für $\gamma_1 = 0{,}5$, Kurve 2 für $\gamma_2 = 1{,}0$ und Kurve 3 für $\gamma_3 = 2{,}0$. Die Konstruktion der Kurven 1, 2 und 3 wurde in der Weise vorgenommen, daß stückweise eine Parallele zu derjenigen Normsichtgeraden (die aus dem Ursprungspunkt links oben strahlenförmig ausgehenden Geraden, die am unteren bzw. rechten Rand mit der zugeordneten Normsichtweite in km beziffert sind), gezeichnet wurde. Die einzelnen Stücke sind durch kleine Kreise voneinander getrennt. Die Schnittpunkte der Kurven 1, 2 und 3 mit der Abszissenparallelen durch $K = 0{,}02$ geben die Sichtweite $s_1 = 12{,}9$ km, $s_2 = 17{,}1$ km und $s_3 = 32{,}0$ km an.

Diese drei Sichtweiten sind in Abb. 5 in logarithmischem Maßstab als Funktion des Gradienten γ aufgetragen und durch die Punkte S_1, S_2 und S_3 gekennzeichnet. Der Punkt S_0 stellt die zugehörige Normsichtweite N_0 von 10 km dar und ist als Sichtweite für $\gamma = 0$ anzusehen. Durch die 4 Punkte S_0, S_1, S_2 und S_3 läßt sich eine empirische Kurve legen, die durch die Gleichung

$$\log s = \log 10 + 0{,}235 \cdot \gamma^{1.1} \qquad (12)$$

wiedergegeben wird. Die Kurve 10 in Abb. 5 ist nach Gleichung (12) gezeichnet, die Punkte S_0 bis S_3 liegen mit kaum merklicher Abweichung auf dieser Kurve. Die Gleichung (12) gibt also die Sichtweite in einer geschichteten Atmosphäre als Funktion des Gradienten der Normsichtweite an, wenn am Beobachtungsort eine Normsichtweite von 10 km herrscht.

Beträgt die Normsichtweite N_0 nicht 10 km, sondern ganz allgemein n · km, so läßt sich die Abb. 4 verwenden, wenn der am oberen Rand aufgezeichnete Maßstab benutzt wird. Die Kurven 1 bis 3 bleiben unverändert. Es bleiben also auch die Schnittpunkte der Kurven 1 bis 3 mit der Abszissenparallelen durch $K = 0{,}02$ unverändert, die daraus zu entnehmenden Sichtweiten sind jedoch nach dem Maßstab am oberen Rand zu messen. Für die Normsichtweite $N_0 = 1$ km, 2 km, 5 km bzw. 20 km wurden die Sichtweiten in dieser Weise aus den Schnittpunkten entnommen und in Abb. 5 eingetragen. Durch die zugehörigen Punkte lassen sich Kurven legen, die in dem logarithmischen Maßstab der Abb. 5 parallel zur Kurve 10 verlaufen, sie sind entsprechend der zugehörigen Normsichtweite N_0 mit 1, 2, 5 bzw. 20 bezeichnet. Die Kurven 1 bis 20 lassen sich in Analogie zur Kurve 10 durch die Gleichung

$$\log s = \log N_0 + 0{,}235 \cdot \gamma^{1.1} \qquad (13)$$

wiedergeben. Die Gleichung (13) ist als er-

Tabelle 1

Die Sichtweite in km eines schwarzen Zieles in einer Atmosphäre inhomogener Trübung

N_0 = Normsichtweite am Standort des Beobachters

γ = Gradient der Normsichtweite in Richtung Beobachter-Ziel

Gradient	0.5	1.0	1.5	2.0	2.5	3.0	3.5	4.0	4.5	5.0
N_0 in km										
0.1	0.13	0.17	0.23	0.32	0.45	0.61	0.86	1.20	1.7	2.4
0.2	0.26	0.34	0.47	0.64	0.89	1.23	1.72	2.40	3.4	4.8
0.5	0.64	0.86	1.17	1.60	2.23	3.07	4.30	6.0	8.5	12
1.0	1.29	1.71	2.3	3.2	4.5	6.1	8.6	12.0	17	24
2.0	2.6	3.4	4.7	6.4	8.9	12.3	17.2	24	34	48
5.0	6.4	8.6	11.7	16.0	22.3	30.7	43.0	60	85	120
10.0	12.9	17.1	23.4	32.0	44.6	61.4	86.0	120	170	240
20.0	25.8	34.2	46.8	64	89	123	172	240	340	480
50.0	64	86	117	160	223	307	430	600	850	1200

Tabelle 2

s/N_0 für alle γ-Werte von 0.0 bis 10.0 in Stufen von 0.1

(Die Sichtweite s ergibt sich durch Multiplikation mit der Normsichtweite N_0 am Standort des Beobachters)

Gradient γ	0.0	0.1	0.2	0.3	0.4	0.5	0.6	0.7	0.8	0.9
0	1.000	1.044	1.097	1.155	1.218	1.287	1.362	1.441	1.527	1.636
1	1.718	1.824	1.937	2.059	2.189	2.329	2.479	2.639	2.809	2.948
2	3.190	3.401	3.625	3.868	4.128	4.405	4.702	5.021	5.363	5.729
3	6.121	6.646	6.978	7.470	7.949	8.555	9.154	9.775	10.49	11.22
4	12.02	12.86	13.77	14.76	15.81	16.94	17.74	19.45	20.89	22.39
5	23.99	25.77	27.61	29.58	31.77	34.04	36.56	39.26	42.17	45.29
6	48.64	52.12	55.98	60.12	64.71	69.50	74.65	80.17	86.30	92.68
7	99.54	106.9	115.1	123.9	133.1	143.2	154.2	164.8	178.2	191.9
8	206.1	221.8	238.8	257.0	276.7	297.9	321.4	345.9	371.5	399.9
9	430.5	464.5	501.2	538.3	580.8	626.6	671.4	724.4	781.6	843.3

weiterte Sichtweitenformel für eine inhomogene Atmosphäre mit linearer Zunahme der Normsichtweite zu bezeichnen. In der Zahlentabelle 1 sind die nach der Gleichung (13) berechneten Sichtweiten für verschiedene Werte der Normsichtweite N_0 und des Gradienten γ zusammengestellt.

Die Normsichtweite, die an irgend einer Stelle der Sehstrahlpyramide, z. B. auch in der Sichtweitenentfernung, herrscht, kann aus der Beziehung

$$N = N_0 + \gamma \cdot l \qquad (14)$$

bestimmt werden. Beträgt z. B. die Normsichtweite am Standort des Beobachters $N_0 = 5$ km und nimmt um 2 km pro 1 km Entfernung zu, so findet man aus der Tabelle 1 (oder aus Abb. 5) eine Sichtweite von 16,0 km und man findet weiter für die Normsichtweite in der Sichtweitenentfernung aus Gleichung (14) $N = 37$ km. Die Gleichung (13) kann auch in der Form

$$\log \frac{s}{N_0} = 0{,}235 \cdot \gamma^{1,1} \qquad (15)$$

geschrieben werden. s/N_0 als Funktion von γ kann dann durch eine einzige Kurve dargestellt werden und man findet die Sichtweite für eine beliebige Normsichtweite N_0 am Standort des Beobachters und einen beliebigen γ-Wert, indem man aus der Kurve den s/N_0-Wert entnimmt und ihn mit N_0 multipliziert. In der Zahlentabelle 2 sind für alle γ-Werte von 0 bis 10 in Abstufungen von 0,1 die zugehörigen s/N_0-Werte zusammengestellt.

Beträgt z. B. die Normsichtweite am Standort des Beobachters $N_0 = 12$ km, und nimmt sie um 1,5 km pro 1 km Entfernung zu, so entnimmt man aus Tabelle 2 einen s/N_0-Wert von 2,33, multipliziert mit $N_0 = 12$ km, ergibt eine Sichtweite $s = 28$ km.

IV. Die theoretische Schrägsichtweite schwarzer Luftziele.

Die erweiterte Sichtweitenformel (13) bzw. ihre durch Gleichung (15) dargestellte, vereinfachte Form ermöglicht es, die Schrägsichtweite theoretisch zu behandeln. Wir nehmen an, die Normsichtweite der bodennahen Luftschicht betrage N_0 und sie nehme in vertikaler Richtung um den Betrag γ_v pro 1 km Höhe zu. γ_v ist also der vertikale Gradient der Normsichtweite. In horizontaler Richtung sei in allen Höhen kein Gradient der Normsichtweite vorhanden.

Es werde nun angenommen, ein schwarzes Luftziel wird von einem Beobachter am Boden unter einem

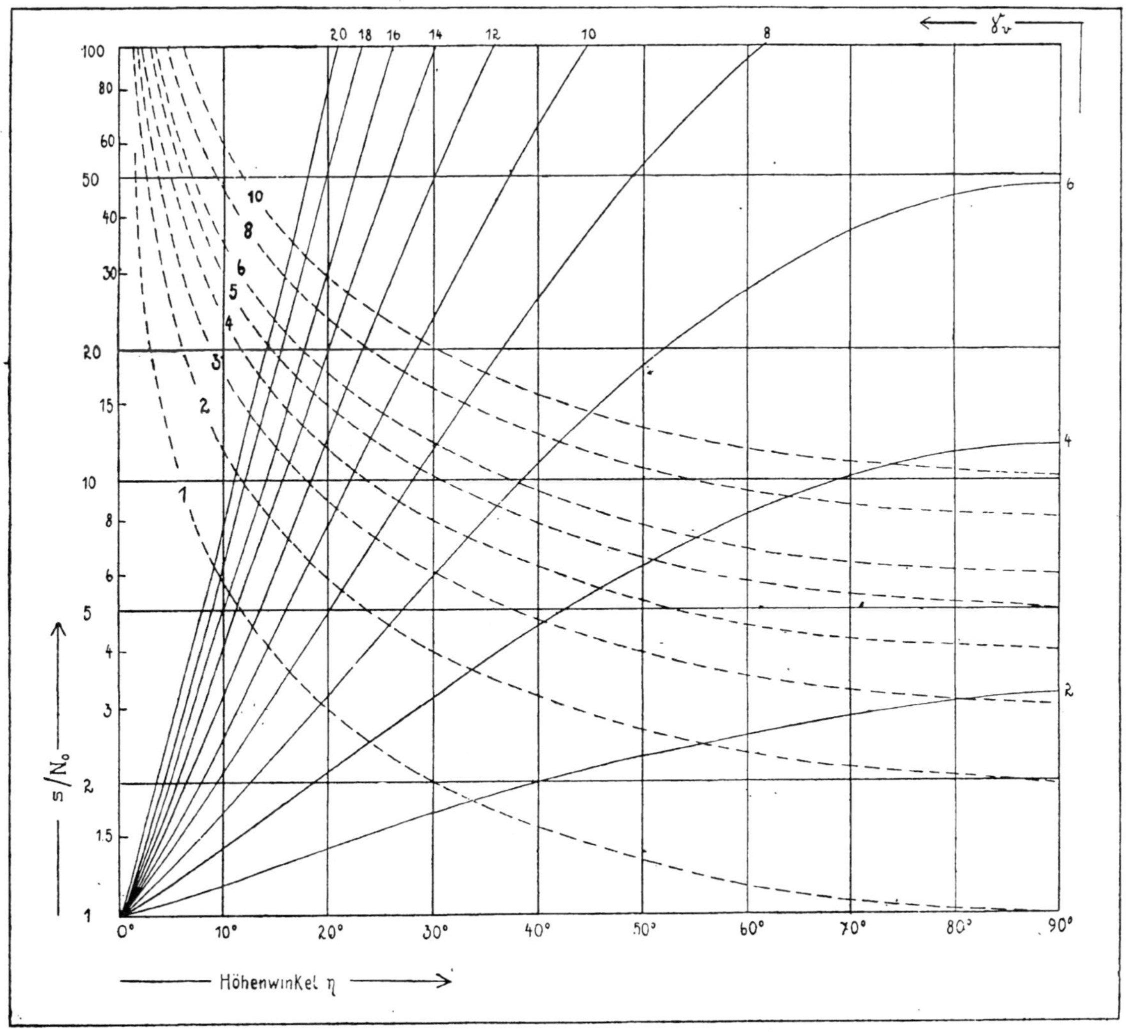

Abb. 6. Diagramm zur Bestimmung der schrägen Sichtweite und der Schrägsichtweite.

Höhenwinkel η gesehen und das Luftziel kann sich in der Richtung Beobachter — Ziel so weit fortbewegen, bis es sich gerade in der Sichtweitenentfernung befindet. Die Sichtweitenentfernung sei zunächst wieder definiert als diejenige Entfernung, in welcher der Kontrast des Zieles gegen den Himmel als Hintergrund gerade den Wert 0,02 annimmt.

Die Richtung des Sehstrahles werde mit l, die vertikale Richtung mit h bezeichnet. Der vertikale Gradient der Normsichtweite ist durch $\gamma_v = \frac{dN}{dh}$ auszudrücken, und der Gradient der Normsichtweite in Richtung l beträgt $\gamma = \frac{dN}{dh} \cdot \sin\eta$, oder es ist $\gamma = \gamma_v \cdot \sin\eta$

Eingesetzt in Gleichung (15) erhält man

$$\log \frac{s}{N_0} = 0{,}235\ (\gamma_v \cdot \sin\eta)^{1,1} \qquad (16)$$

Nach der Gleichung (16) kann für irgend einen Höhenwinkel η die Sichtweite in der schrägen Richtung Beobachter = Ziel berechnet werden, wenn die Normsichtweite N_0 am Boden und der vertikale Gradient γ_v der Normsichtweite vorgegeben sind. Im Gegensatz zu dem Begriff der horizontalen Sichtweite soll diese Sichtweite in der Richtung BF mit schräge Sichtweite bezeichnet werden. Die horizontale Sichtweite wird in Gleichung (16) durch den Grenzfall $\gamma = 0$ dargestellt und man erhält für diesen Fall $\sin\eta = 0$, also $s_{\eta=0} = N_0$, was mit der gemachten Annahme übereinstimmt, daß in horizontaler Richtung kein Gradient der Normsichtweite vorhanden sein soll. Die schräge Sichtweite ist nicht identisch mit der Schrägsichtweite, die als die Projektion der schrägen Sichtweite auf die Erdoberfläche (Horizontale) definiert wird.

Trägt man nach Gleichung (16) log s/N_0 als Funktion des Höhenwinkels η auf und wählt den vertikalen Gradienten γ_v als Parameter, so kann man aus dieser Darstellung für jeden beliebigen Höhenwinkel das Verhältnis s/N_0 entnehmen und durch Multiplikation mit N_0 die schräge Sichtweite bestimmen. Die ausgezogenen Kurven der Abb. 6 enthalten diese Darstellung für γ_v Werte von 2 bis 20 in Stufen von 2 Einheiten. Am oberen bzw. rechten Rand tragen die Kurven die Parameterbezeichnung. Beträgt z. B. die Normsichtweite N_0 am Boden 8 km, der vertikale Gradient der Normsichtweite $\gamma_v = 6$ und hat der Sehstrahl einen Höhenwinkel $\eta = 20^\circ$, so entnimmt man aus Abb. 6 für das Verhältnis $\gamma/N_0 = 3{,}3$ und findet für die schräge Sichtweite $s = 25{,}4$ km.

Nun interessiert es allerdings im allgemeinen weniger, welche Sichtweite für einen vorgeschriebenen Höhenwinkel erreicht wird, sondern vielmehr, welche Sichtweite für ein Luftziel anzusetzen ist, das sich in einer bekannten Höhe bewegt. Es werde daher angenommen, ein Luftziel werde vom Boden aus beobachtet und bewege sich in einer Höhe H in horizontaler Richtung. An derjenigen Stelle, an der das Luftziel gerade die Sichtweitenentfernung s erreicht, befinde es sich für den Beobachter unter dem Höhenwinkel η. Es besteht dann die Beziehung

$$s = \frac{H}{\sin\eta} \qquad (17)$$

Trägt man nach Gleichung (17) die Sichtweite als Funktion des Höhenwinkels η auf, und wählt H als Parameter, so ergibt jede Kurve die Sichtweite aller Ziele an, die sich in der der jeweiligen Kurve zugeordneten Höhe befinden. In Abb. 6 sind diese Kurven gestrichelt eingezeichnet und tragen links die Parameterbezeichnung. Diese gestrichelten Kurven sind auf $N_0 = 1$ bezogen, sie gelten nur, wenn am Boden eine Normsichtweite von 1 km angenommen wird. Aus dem Schnittpunkt einer gestrichelten mit einer ausgezogenen Kurve erhält man die schräge Sichtweite eines Luftzieles für eine bestimmte Höhe H und einen bestimmten vertikalen Gradienten γ_v der Normsichtweite. Es soll also z. B. die schräge Sichtweite eines Luftzieles in 3 km Höhe bestimmt werden, wenn die Normsichtweite am Boden 1 km beträgt und ein vertikaler Gradient der Normsichtweite $\gamma_v = 4$ angenommen wird. Aus dem Schnittpunkt der ausgezogenen Kurve 4 mit der gestrichelten Kurve 3 in Abb. 6 entnimmt man für s/N_0 einen Wert von 4,7, die schräge Sichtweite beträgt also 4,7 km.

Um aus der schrägen Sichtweite s die Schrägsichtweite s_r zu bestimmen, muß die Projektion von s auf die Horizontale gebildet werden. Ist der Höhenwinkel η bekannt, unter dem das Flugziel in der Sichtweitenentfernung erscheint, so ist

$$s_r = s \cdot \cos\eta \qquad (18)$$

Den Höhenwinkel η kann man aus Abb. 6 für jeden Schnittpunkt der beiden Kurvenscharen entnehmen. Für das obige Beispiel findet man einen Höhenwinkel von 40° und somit eine Schrägsichtweite von 3,6 km.

Will man für eine Normsichtweite N_0 am Boden, die verschieden von 1 km ist, die schräge Sichtweite (und die Schrägsichtweite) bei gegebener Höhe des Luftzieles nach dem geschilderten Verfahren bestimmen, so müßte eine der Abb. 6 entsprechende Darstellung gewählt werden, in der an Stelle von s/N_0 die schräge Sichtweite s als Funktion des Höhenwinkels aufgetragen ist. Es müßte dann für jede Normsichtweite N_0 am Boden, für die man die schräge Sichtweite bestimmen will, eine eigene Darstellung gemäß Abb. 9 hergestellt werden. In all diesen Darstellungen würden die gestrichelten Kurvenscharen der Abb. 6 unverändert bleiben, die ausgezogenen Kurvenscharen lediglich eine Parallelverschiebung von der Größe log N_0 erfahren, in sich jedoch auch unverändert bleiben. Man kann daher die Anfertigung von getrennten Darstellungen für jede Normsichtweite N_0 umgehen, wenn man die gestrichelten Kurvenscharen der Abb. 6 auf ein gesondertes durchsichtiges Blatt zeichnet, und es so auf Abb. 6 legt, daß die beiden Kurvenscharen für die vorgegebene Normsichtweite N_0 zueinander die richtige Lage haben[9]).

Legt man das durchsichtige Blatt so über Abb. 6, daß über den Ordinatenwert $s/N_0 = 1$ der Abb. 6 derjenige Ordinatenwert s des durchsichtigen Blattes zu liegen kommt, der der vorgegebenen Normsichtweite N_0 am Boden entspricht, und daß die Ordinatenachsen zusammenfallen, so liegt die notwendige Verschiebung der beiden Kurvenscharen um den Betrag log N_0 zueinander vor, und aus den Schnittpunkten der Kurven läßt sich am Ordinatenmaßstab des durchsichtigen

[9]) Aus drucktechnischen Gründen ist es leider z. Zt. nicht möglich, ein derartiges durchsichtiges Blatt dieser Zeitschrift beizulegen. Es kann jedoch ohne Schwierigkeit durch jeden Interessenten von der Abb. 6 selbst durchgepaust werden, und zwar muß außer dem gestrichelten Kurvensystem auch das Koordinatensystem mit Maßstab durchgepaust werden.

Blattes die schräge Sichtweite entnehmen. Es soll z. B. die schräge Sichtweite und die Schrägsichtweite eines Luftzieles in 5 km Höhe bestimmt werden, wenn die Normsichtweite am Boden 8 km beträgt und ein vertikaler Gradient der Normsichtweite $\gamma_v = 6$ angenommen wird. Das durchsichtige Blatt wird auf Abb. 6 so gelegt, daß der Ordinatenwert $s = 8$ km auf den Ordinatenwert $s/N_0 = 1$ zu liegen kommt. Aus dem Schnittpunkt der Kurve 6 von Abb. 6 mit der Kurve 5 vom durchsichtigen Blatt entnimmt man für die schräge Sichtweite s auf dem Ordinatenmaßstab des durchsichtigen Blattes einen Wert von 19,0 km, und auf den Abszissenmaßstab einen Höhenwinkel von 15°. Nach Gleichung (18) findet man für die Schrägsichtweite $s_r = 18{,}3$ km.

Nach diesem geschilderten Verfahren kann für jede beliebige Höhe H des Luftzieles, wie für jede beliebige Normsichtweite N_0 am Boden und für jeden beliebigen vertikalen Gradienten der Normsichtweite die schräge Sichtweite und die Schrägsichtweite des schwarzen Luftzieles ermittelt werden, wobei gegebenenfalls zwischen den ausgezogenen Kurven der Abb. 6 und den gestrichelten Kurven des durchsichtigen Blattes interpoliert werden muß.

Einen Überblick über die Größen, welche die schräge Sichtweite s und die Schrägsichtweite s_r bei verschiedenen Ausgangswerten

1. der Normsichtweite N_0 am Boden,
2. des vertikalen Gradienten γ_v der Normsichtweite und
3. der Zielhöhe H

haben, geben die Tabellen 3 und 4. Die Tabelle 3 für die schräge Sichtweite enthält außerdem in Klammern zu jedem Wert den Höhenwinkel η·, der zur Bestimmung der Schrägsichtweite benötigt wird. Die Tabellenwerte der Tabelle 3 wurden nach dem beschriebenen Verfahren gefunden, die Werte für die Schrägsichtweite in Tabelle 4 aus der Tabelle 3 nach Gleichung (18) berechnet.

Tabelle 3

Die (theoretische) **schräge Sichtweite** in km und (in Klammern) der Höhenwinkel eines schwarzen Luftzieles für verschiedene Werte der Normsichtweite N_0 am Boden, der Zielhöhe H und des vertikalen Gradienten γ_v der Normsichtweite

	Normsichtweite N_0 =	1 km	2 km	5 km	10 km	20 km	50 km
	Gradient γ_v						
Zielhöhe H = 2 km	2	2.4 (55°)	3.6 (34°)	6.5 (18°)	12.0 (10°)	21.8 (6°)	52.0 (3°)
	6	4.7 (26°)	6.1 (19°)	10.0 (12°)	15.0 (8°)	25.0 (5°)	56.0 (3°)
	10	6.5 (18°)	8.5 (14°)	12.4 (9°)	18.0 (7°)	29.0 (4°)	60.0 (3°)
	14	8.2 (14°)	11.0 (11°)	15.2 (8°)	21.2 (6°)	34.0 (3°)	63.0 (2°
	18	9.8 (12°)	14.5 (10°)	17.5 (7°)	24.0 (5°)	37.0 (3°)	64.0 (2°)
	Gradient γ_v						
Zielhöhe H = 5 km	2	-	5.7 (65°)	9.2 (34°)	14.0 (21°)	24.0 (12°)	54.0 (6°)
	6	8.6 (35°)	11.2 (28°)	15.0 (19°)	21.5 (13°)	32.0 (9°)	62.0 (5°)
	10	12.3 (24°)	15.0 (19°)	21.0 (14°)	29.0 (11°)	40.0 (8°)	71.0 (5°)
	14	16.0 (18°)	19.5 (14°)	26.0 (11°)	33.0 (9°)	49.0 (6°)	80.0 (4°)
	18	19.5 (15°)	23.8 (12°)	30.0 (10°)	40.0 (7°)	53.0 (6°)	90.0 (3°)
	Gradient γ_v						
Zielhöhe H = 10 km	2	–	–	12.5 (54°)	18.2 (33°)	29.0 (20°)	59.0 (10°)
	6	14.2 (45°)	17.5 (36°)	23.5 (26°)	30.0 (13°)	43.0 (13°)	76.0 (8°)
	10	20.9 (29°)	25.0 (23°)	32.0 (18°)	41.0 (14°)	56.0 (11°)	90.0 (7°)
	14	27.2 (22°)	32.0 (18°)	42.0 (13°)	51.0 (12°)	70.0 (8°)	105.0 (6°)
	18	33.7 (18°)	40.0 (14°)	50.0 (12°)	60.0 (9°)	80.0 (8°)	120.0 (5°)

Tabelle 4

Die (theoretische) **Schrägsichtweite** in km eines schwarzen Zieles für verschiedene Werte der Normsichtweite N_0 am Boden, der Zielhöhe H und des vertikalen Gradienten γ_v der Normsichtweite

	Normsichtweite N_0 =	1 km	2 km	5 km	10 km	20 km	50 km
	Gradient γ_v						
Zielhöhe H = 2 km	2	1.4	3.0	6.2	11.8	21.7	51.9
	6	4.2	5.8	9.8	14.8	24.9	55.9
	10	6.2	8.2	12.2	17.8	28.9	59.9
	14	8.0	10.8	15.0	21.1	33.9	62.9
	16	9.8	14.3	17.3	23.9	36.9	63.9
	Gradient γ_v						
Zielhöhe H = 5 km	2	-	2.4	7.6	13.1	23.5	53.7
	6	7.0	9.9	14.2	20.9	31.6	61.8
	10	11.2	14.2	20.4	28.5	39.6	70.7
	14	15.2	18.9	25.5	32.5	48.7	79.8
	18	18.8	23.5	29.5	39.7	52.7	89.8
	Gradient γ_v						
Zielhöhe H = 10 km	2	–	–	7.3	15.2	27.2	58.0
	6	10.0	14.2	21.1	28.4	41.9	75.2
	10	25.7	22.9	30.4	39.8	54.9	89.2
	14	25.4	30.9	40.9	49.9	69.3	104.4
	18	32.0	38.8	48.9	59.2	79.2	119.5

Aus der Tabelle 4 lassen sich folgende allgemeine Schlüsse für das Verhalten der Schrägsichtweite ziehen: Bei kleinen Gradienten und geringen Zielhöhen hat die Schrägsichtweite annähernd die gleichen Werte wie die Normsichtweite am Boden. Bei großen Gradienten und großen Zielhöhen dagegen ist die Schrägsichtweite wohl wesentlich größer als die Normsichtweite am Boden, nimmt jedoch mit zunehmender Normsichtweite nur verhältnismäßig wenig zu. Bei kleiner Normsichtweite am Boden und geringen Zielhöhen ändert sich die Schrägsichtweite etwa linear mit dem Gradienten, bei großer Normsichtweite am Boden und großen Zielhöhen ändert sich die Schrägsichtweite nur verhältnismäßig wenig, wenn sich der Gradient ändert. Durch die Zielhöhe wird die Schrägsichtweite verhältnismäßig wenig beeinflußt, nur bei großen Gradienten und geringer Normsichtweite ist ein etwas größerer Einfluß der Zielhöhe erkennbar, und zwar nimmt im allgemeinen die Schrägsichtweite zu, wenn die Zielhöhe zunimmt.

V. Die Abhängigkeit der Sichtweite vom Kontrastschwellenwert.

Für die bisherigen Betrachtungen der schrägen Sichtweite und der Schrägsichtweite wurde ein Kontrastschwellenwert des Auges von 0,02 zugrunde gelegt. Das setzt bei normaler Tagesbeleuchtung ein Ziel voraus, das etwa unter einem Winkel von 1 Grad erscheint. Derartig große Ziele kommen allerdings als Luftziele kaum in Frage, wenn nicht mit einem Fernrohr starker Vergrößerung beobachtet wird. Es wurde jedoch trotzdem für die Entwicklung der Theorie der Schrägsichtweite der Kontrastschwellenwert von 0,02 gewählt, um den Anschluß an die Theorie der horizontalen Sichtweite zu behalten. Den in der Tabelle 4 enthaltenen Werten der Schrägsichtweite bzw. den Beispielen im vorigen Abschnitt kann man also keinen großen praktischen Wert beilegen, und sie sollen daher mit „theoretische Schrägsichtweite" bezeichnet werden. Bei der „praktischen Schrägsichtweite" schwarzer Flugziele, die im folgenden behandelt wird, soll auch die Größe der Luftziele Berücksichtigung finden. Nach wie vor muß jedoch die Annahme gemacht werden, daß die Luftziele schwarze Körper sind, die gegen den unbewölkten Himmel kontrastieren.

Um die Größe des Luftzieles bei der Schrägsichtweite berücksichtigen zu können, ist es notwendig, die Abhängigkeit des Kontrastschwellenwertes ε von der Größe des Zielwinkels zu kennen. Für die positive Kontrastschwelle, das heißt für Ziele, die heller sind als die Umgebung, liegen eine größere Zahl Laboratoriumsversuche über diese Abhängigkeit in der Literatur vor, für die hier in Frage kommende negative Kontrastschwelle bei normaler Tagesbeleuchtung muß jedoch das bisherige Untersuchungsmaterial als sehr dürftig bezeichnet werden. Die einzigen hier verwendbaren Meßergebnise sind Laboratoriumsergebnisse von

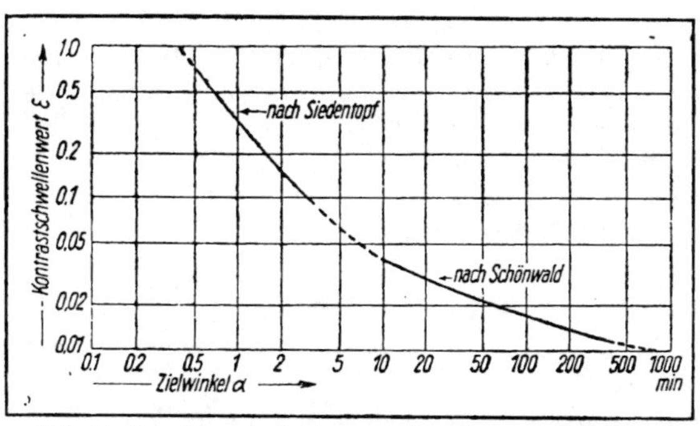

Abb. 7. Der (negative) Kontrastschwellenwert bei einer Leuchtdichte der Zielumgebung von 10^{-2} stilb (Tageshimmel)

Siedentopf[10]) und von Schönwald[11]) die ersten für Zielwinkel von 0,5 bis 3 Bogenminuten, die letzteren für Zielwinkel von 0,2° bis 20°. In Abb. 7 ist nach den Untersuchungsergebnissen von Siedentopf und Schönwald der Kontrastschwellenwert ε als Funktion des Sehwinkels aufgetragen, und zwar für eine Leuchtdichte der Zielumgebung von 10^{-2} Stilb. Der linke Teil der Kurve wurde aus den Siedentopfschen, der rechte aus den Schönwaldschen Untersuchungsergebnissen entnommen, wobei bei den letzteren eine Umrechnung nach der Koschmiederschen Sichtweitenformel vorgenommen wurde, um die vom Autor bestimmte Abhängigkeit der Sichtweite vom Zielwinkel in die gewünschte Abhängigkeit des Kontrastschwellenwertes vom Zielwinkel umzuwandeln.

Die Meßergebnisse der beiden Autoren überschneiden sich nicht, aus der Lage der beiden Kurvenstücke in Abb. 7 kann man jedoch vermuten, daß sie sich leidlich ergänzen. Es soll daher für die folgenden Betrachtungen die durch Abb. 7 wiedergegebene Ab-

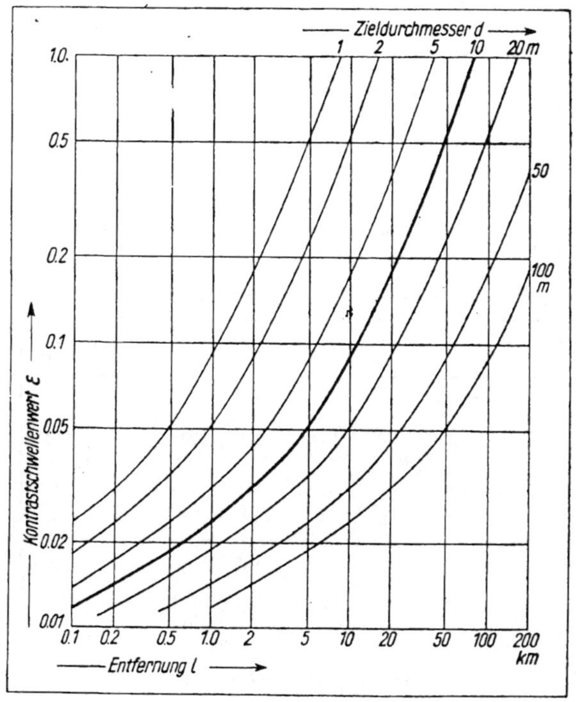

Abb. 8. Der Kontrastschwellenwert in Abhängigkeit von Zielgröße und Zielentfernung.

hängigkeit des Kontrastschwellenwertes ε vom Zielwinkel benutzt werden, obgleich kein Zweifel darüber bestehen kann, daß in Wirklichkeit eine so einfache Abhängigkeit nicht vorliegt und daß ferner weitere experimentelle Untersuchungen diesen dargestellten Zusammenhang stützen müßten. Es ist insbesondere auch noch eine Abhängigkeit des Kontrastsschwellenwertes von der Leuchtdichte der Zielumgebung vorhanden, da es jedoch praktisch nicht möglich ist, die in einem speziellen Falle anzusetzende Leuchtdichte der Zielumgebung bei der verwickelten Leuchtdichteverteilung der Himmelshalbkugel anzugeben, muß es genügen, mit einer mittleren Leuchtdichte von 10^{-2} Stilb zu rechnen.

Für ein kreisförmiges Ziel vom Radius d Meter, das sich in der Entfernung l km befindet, beträgt der Zielwinkel α in Bogenminuten

$$\alpha = 3{,}44 \cdot \frac{d}{l} \qquad (19)$$

Unter Verwendung dieser Beziehung und der Abb. 7 läßt sich der Kontrastschwellenwert ε als Funktion der

[10]) *H. Siedentopf*, Forschungen und Fortschritte *11*, 153, 1941, dargestellt bei B. Schönwald l. c. Abbildung 10.

[11]) l. c. Seite 39 und Abb. 29.

Entfernung l darstellen, wie es in Abb. 8 erfolgt ist. Der Zieldurchmesser d wurde in Abb. 8 als Parameter gewählt. Die Abb. 8 besagt folgendes: Für ein kreisförmiges schwarzes Ziel, dessen Durchmesser d m beträgt und das sich in einer Entfernung l km von einem Beobachter befindet, muß der vom Beobachter wahrgenommene Kontrast des Zieles gegen seine Umgebung mindestens den Wert ε haben, damit das Ziel sichtbar ist, wobei vorausgesetzt wird, daß die Leuchtdichte der Zielumgebung 10^{-2} Stilb beträgt. Beträgt z. B. der Zieldurchmeser 2 m und ist das Ziel 1 km entfernt, so muß sein Kontrast mindestens den Wert 0,05 haben, damit das Ziel (ohne Fernglas) gesehen werden kann.

Aus der Abb. 8 geht hervor, daß der bisher benutzte Kontrastschwellenwert $\varepsilon = 0{,}02$ nur in speziellen Fällen Gültigkeit hat, und daß ε beliebige Werte zwischen 0,01 und 1,0 annehmen kann. Es muß daher untersucht werden, wie sich die schräge Sichtweite ändert, wenn ε einen anderen Wert als 0,02 annimmt. Dazu betrachten wir zunächst den einfachsten Fall mit $\gamma_v = 0$, also mit konstanter Trübung längs der Sehstrahlpyramide. Nach den Darlegungen im Abschnitt II kann die Sichtweite aus einer graphischen Darstellung (Abb. 1), in der die Entfernung als Funktion von log K aufgetragen ist, unmittelbar als Schnittpunkt einer Geraden, die diese Funktion wiedergibt, mit einer Abszissenparallelen durch den Kontrastschwellenwert $\varepsilon = 0{,}02$ entnommen werden. Wird ein anderer ε-Wert zugrunde gelegt, so ist die Abszissenparallele durch diesen anderen ε-Wert zu legen und sonst in gleicher Weise zu verfahren. So kann man z. B. aus den Schnittpunkten der Kurve 3 in Abb. 1, die für eine Normsichtweite N = 10 km gilt, mit entsprechenden Abszissenparallelen folgende Sichtweiten für bestimmte Kontrastschwellenwerte entnehmen:

Kontrast-schwellenwert	ε 0.5	0.2	0.1	0.05	0.02	0.01	
Sichtweite s	1.3	4.1	5.8	7.6	10.0	11.7	km

Ganz allgemein kann nach Gleichung (5 b) die Beziehung

$$s = -\frac{\log \varepsilon}{1{,}70} \cdot N = -0{,}588 \cdot \log \varepsilon \, N \qquad (20)$$

für den Zusammenhang zwischen der Sichtweite s und dem Kontrastschwellenwert ε ausgestellt werden.

Liegt eine gechichtete Atmosphäre vor, dann ist für einen beliebigen ε-Wert die Sichtweite in der gleichen Weise zu bestimmen, wie es für $\varepsilon = 0{,}02$ z. B. in der Abbildung 4 erfolgt ist, die aus den Kurven 1, 2 und 3 in Abb. 4 gefundenen Sichtweiten s_1, s_2 und s_3 für $\varepsilon = 0{,}02$ sind jedoch für andere ε-Werte als Schnittpunkte der Kurven 1, 2 und 3 mit den Abszissenparallelen durch diese anderen ε-Werte zu bestimmen. So erhält man z. B. für $\varepsilon = 0{,}05$ aus Abb. 4 die Sichtweite $s_1 = 9{,}2$ km, $s_2 = 11{,}4$ km bzw. $s_3 = 17{,}8$ km. Man kann nun weiter für jeden beliebigen ε-Wert gemäß Abb. 5 die Sichtweite s als Funktion des Gradienten γ oder auch das Verhältnis s/N_0 als Funktion des Gradienten γ darstellen, wie es in Abb. 9 erfolgt ist. Der Kontrastschwellenwert ε ist in Abb. 9 Parameter, die Punkte für $\gamma = 0, \gamma = {}^1/_2$, $\gamma = 1$ und $\gamma = 2$ wurden für jeden ε-Wert aus den genommen. Für $\gamma = 0$ ist gemäß Gleichung (20) $s/N_0 = 0{,}58 \cdot \log \varepsilon$. Durch die Punkte für $\gamma = {}^1/_2$, $\gamma = 1$ und $\gamma = 2$ lassen sich die Kurven legen, die durch die empirische Gleichung

$$\log \frac{s}{N_0} = \log(-0{,}588 \cdot \log \varepsilon) - 0{,}14 \cdot \log \varepsilon \cdot \gamma^{1,1} \qquad (21)$$

befriedigend wiedergegeben werden. Die Kurven in Abb. 9 sind nach der Gleichung (21) berechnet worden. Führt man schließlich, wie in Abschnitt IV ausgeführt wurde, den Höhenwinkel η und den vertikalen Gradienten γ_v in Gleichung (21) ein, so erhält man

$$\log \frac{N_0}{s} = \log(-0{,}588 \cdot \log \varepsilon - 0{,}14 \log \varepsilon \cdot (\gamma_v \cdot \sin \eta)^{1,1} \qquad (22)$$

Die Gleichungen (21) und (22) stellen die allgemeine Form der erweiterten Sichtweitenformel für einen beliebigen Kontrastschwellenwert ε dar.

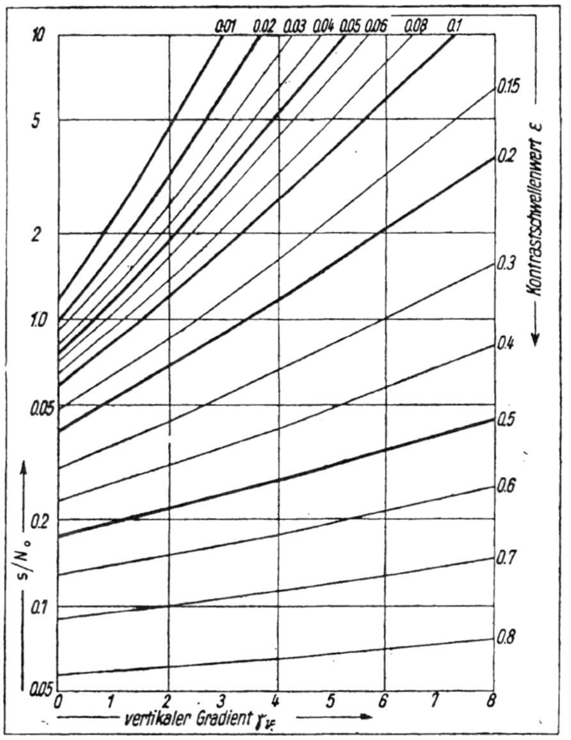

Abb. 9. Die schräge Sichtweite von Luftzielen beliebiger Größe.

VI. Die Schrägsichtweite schwarzer Luftziele unter Berücksichtigung der Zielgröße.

Die Gleichung (22) gibt das Verhältnis s/N_0 als Funktion des vertikalen Gradienten γ_v, des Höhenwinkels η und des Kontrastschwellenwertes ε an. Will man Gleichung (22) graphisch darstellen, so müssen zwei dieser Größen konstant gehalten werden. In Anlehnung an die Überlegungen im Abschnitt IV soll für die weiteren Betrachtungen s/N_0 wieder als Funktion des Höhenwinkels η dargestellt werden, in Abweichung zur Abb. 6 nun aber der Kontrastschwellenwert ε als Parameter dienen, während γ_v als konstanter Wert

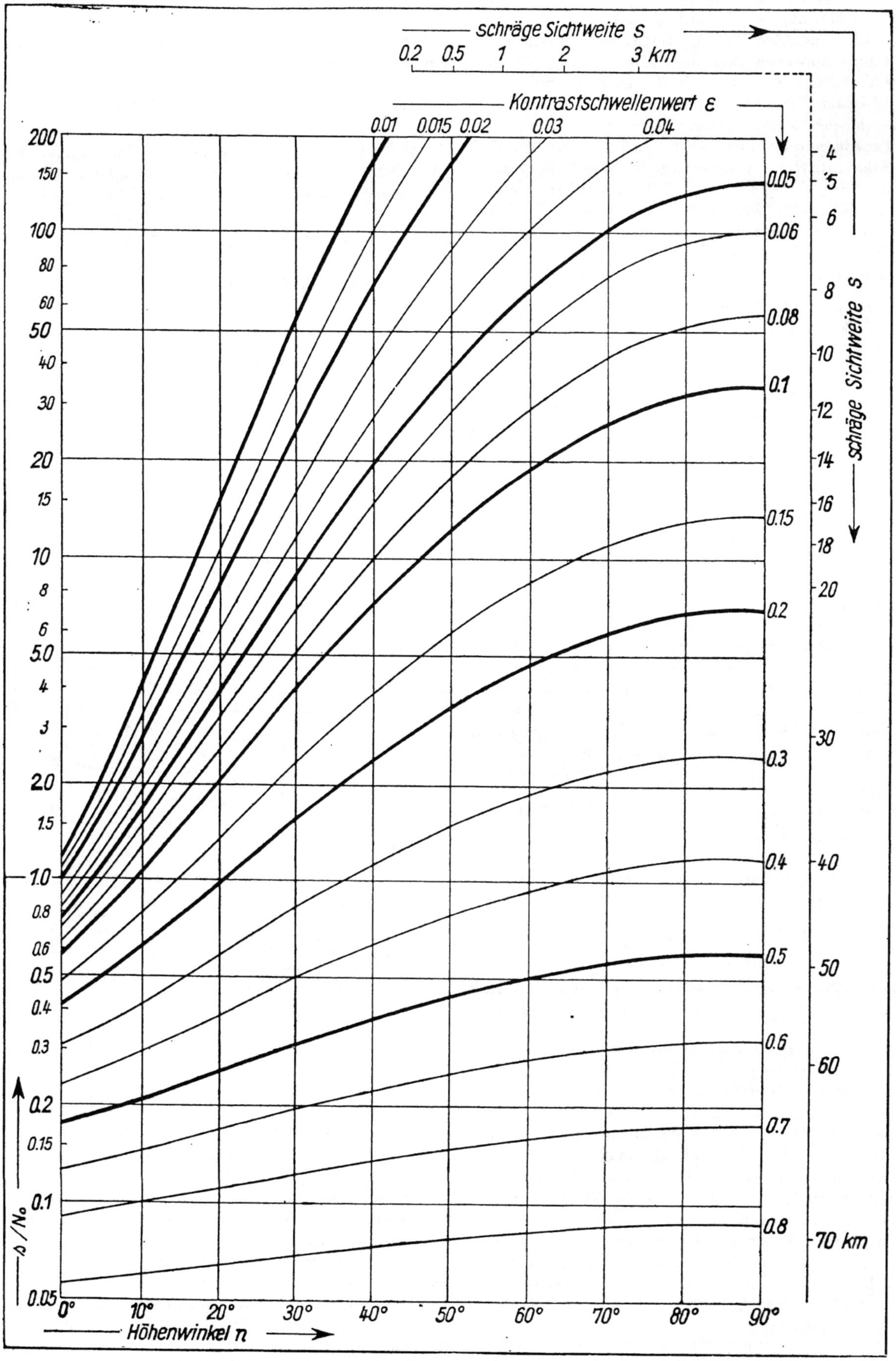

Abb. 10. Bestimmung der schrägen Sichtweite und der Schrägsichtweite beliebig großer Luftziele.

angenommen werden soll. Für Abb. 10 wurde $\gamma_v = 10$ gewählt, im übrigen wurden die Kurven der Abb. 10 nach Gleichung (22) berechnet. Am oberen und rechten Rand trägt die Abb. 10 die Parameterbezeichnung.

Nun ist ja, wie im vorigen Abschnitt gesagt wurde und aus Abb. 8 hervorgeht, der Kontrastschwellenwert ε für ein Ziel von bestimmtem Durchmesser von der Entfernung des Zieles abhängig, es ist also gar nicht ohne weiteres möglich, aus Gleichung (22) oder Abb. 10 die Sichtweite zu bestimmen, weil ja ε selbst Funktion der Sichtweite ist. Man kann jedoch folgende Überlegung anstellen: Dem Parametermaßstab ε am oberen und rechten Rand der Abb. 10 läßt sich ein Maßstab für die Zielentfernung l nach Abb. 8 zuordnen, wenn eine feste Zielgröße angenommen wird. Für Abb. 10 wurde ein Zieldurchmesser d = 10 m zugrundegelegt und über bzw. neben den ε-Maßstab der Entfernungsmaßstab hingeschrieben. Jeder der Kurven in Abb. 10 gilt nun für diejenige Entfernung, die sich aus dem Entfernungsmaßstab am oberen bzw. rechten Rande ergibt. Längs jeder Kurve findet man nun einen Punkt, für den der Ordinatenwert s/N_0 gerade gleich diesem Entfernungswert ist und dieser Wert gibt die schräge Sichtweite für den zugeordneten Höhenwinkel η und für $N_0 = 1$ km an. Das soll an einem Beispiel erläutert werden: Dem Kontrastschwellenwert $\varepsilon = 0{,}1$ entspricht nach Abb. 10 eine Zielentfernung von 11 km (für ein Ziel von 10 m Durchmesser). Läuft man längs der Kurve $\varepsilon = 0{,}1$, bis man zum Ordinatenwert 11 kommt, so liest man einen Höhenwinkel von 48° ab. Das heißt, beträgt die Normsichtweite N_0 am Boden 1 km und hat der vertikale Gradient γ_v der Normsichtweite den Wert 10, so ist ein schwarzes Kreisziel von 10 m Durchmesser, das unter einem Höhenwinkel von 48° gesehen wird, bis zu einer schrägen Entfernung von 11 km zu sehen. In diesem Beispiel wurde vom Kontrastschwellenwert ε und somit von der schrägen Sichtweite s ausgegangen. Man kann jedoch auch vom Höhenwinkel η ausgehen wie das folgende Beispiel zeigt. Es sei außer dem Zieldurchmesser d = 10 m und der Normsichtweite $N_0 = 1$ km ein Höhenwinkel $\eta = 20°$ vorgegeben und es soll die schräge Sichtweite bestimmt werden. Man geht längs der Ordinatenparallelen durch den Wert $\eta = 20°$ bis zu dem Punkt, an dem der Ordinatenwert mit dem Parameterwert der zugehörigen Kurve im Entfernungsmaßstab übereinstimmt, wobei zwischen den Kurven interpoliert werden kann. Für das gewählte Beispiel findet man dann einen Wert von etwa 4,2 km für die schräge Sichtweite.

Will man nun an Stelle des Höhenwinkels die Höhe des Luftzieles zugrunde legen, dann ist in analoger Weise, wie es im Abschnitt IV beschrieben wurde, das nach Abb. 6 anzufertigende durchsichtige Blatt zusätzlich zu verwenden. Es ist dann auch nicht erforderlich, als Normsichtweite N_0 am Boden den Wert 1 km zu verwenden, es kann vielmehr jeder beliebige Wert von N_0 vorgegeben werden. Es soll nun als Beispiel die schräge Sichtweite eines schwarzen Kreiszieles von 10 m Durchmesser bestimmt werden, wenn der vertikale Gradient einen Wert von 10 hat,

Tabelle 5

Die schräge Sichtweite in km von schwarzen, kreisförmigen Luftzielen für verschiedene Werte der Normsichtweite N_0 am Boden, des vertikalen Gradienten γ_v der Normsichtweite, der Zielhöhe H und des Zieldurchmessers d.

Vertikaler Gradient d Normsichtweite γ_v =		5					10					15				
Normsichtweite N_0		2 km	5 km	10 km	20 km	50 km	2 km	5 km	10 km	20 km	50 km	2 km	5 km	10 km	20 km	50 km
	Ziel-Durchmesser d:															
Zielhöhe H = 2 km	2 m	3.0	4.1	5.3	6.8	9.9	3.7	4.8	6.1	7.5	10.1	4.6	6.0	6.8	8.4	10.8
	5 m	3.8	5.5	7.4	10.2	16.0	5.3	7.0	8.8	12.4	17.0	6.8	8.4	10.1	12.8	17.8
	10 m	4.5	6.4	9.1	13.5	22.0	6.2	8.3	10.8	14.3	23.9	8.0	10.5	13.0	16.4	24.5
	20 m	4.8	7.4	11.2	16.0	29.5	7.0	10.0	13.4	19.5	31.8	9.5	12.2	16.2	21.6	33.2
	50 m	5.6	8.2	13.0	19.8	37.5	8.4	11.8	15.6	22.2	38.0	11.0	14.0	18.6	27.8	47.2
	100 m	5.8	8.6	13.5	21.8	43.5	8.8	12.8	17.6	26.5	48.0	12.0	14.8	21.4	29.4	53.0
	Ziel-Durchmesser d:															
Zielhöhe H = 5 km	2 m	–	5.5	6.6	7.8	10.6	5.9	6.8	7.5	8.9	11.5	6.8	7.5	8.6	9.8	11.6
	5 m	5.8	7.5	9.2	12.2	17.5	8.1	9.8	11.8	14.0	18.9	9.4	12.2	13.4	15.8	20.2
	10 m	7.0	9.0	11.5	15.4	24.0	9.4	12.2	14.8	18.0	26.8	12.8	15.0	17.2	20.8	30.0
	20 m	7.8	10.8	13.9	19.8	31.0	11.5	14.8	18.4	23.8	34.2	15.0	19.5	22.5	28.2	38.5
	50 m	9.0	12.5	17.0	24.5	41.0	14.0	18.0	23.5	29.0	47.0	17.5	23.2	28.5	38.0	53.0
	100 m	9.5	13.2	18.5	27.0	48.0	14.8	20.0	25.0	33.5	54.5	19.0	25.2	30.8	45.0	61.8
	Ziel-Durchmesser d:															
Zielhöhe H = 10 km	2 m	–	–	–	–	11.2	–	–	–	–	12.4	–	–	10.2	11.4	12.5
	5 m	–	–	–	13.8	19.4	11.5	13.0	14.4	17.2	22.0	13.2	15.0	17.2	19.4	23.5
	10 m	–	12.0	15.0	18.0	26.0	13.8	16.8	19.0	23.4	30.0	17.0	19.8	23.0	26.5	33.4
	20 m	12.5	14.6	18.0	22.8	34.5	17.5	21.4	24.8	30.0	42.0	22.0	26.8	30.0	35.2	45.5
	50 m	13.5	17.0	22.6	29.8	44.2	20.1	26.0	32.8	39.0	54.0	28.6	32.4	40.2	49.5	63.0
	100 m	14.0	18.5	24.0	34.0	54.0	24.2	29.5	35.0	45.0	64.0	29.0	38.5	45.0	64.5	80.8

das Luftziel sich in 4 km Höhe befindet und eine Normsichtweite $N_0 = 8$ km am Boden vorliegt. Das durchsichtige Blatt wird so über Abb. 10 gelegt, daß der Ordinatenwert 8 km über dem Ordinatenwert 1 km zu liegen kommt und die beiden Ordinatenachsen zusammenfallen. Dann wird längs der Kurve 4 des durchsichtigen Blattes derjenige Punkt gesucht, für den der Ordinatenwert des durchsichtigen Blattes gleich dem Parameterwert auf Abb. 10 ist. Man findet einen Wert von 12,5, d. h. die schräge Sichtweite beträgt 12,5 km. Infolge des notwendigen Interpolierens ist der Wert mit einer etwa 5prozentigen Ungenauigkeit behaftet. Für den Höhenwinkel η entnimmt man 19°, nach Gleichung (18) findet man schließlich die Schrägsichtweite s_r zu rund 12 km.

Damit ist die gestellte Aufgabe grundsätzlich gelöst. Die schräge Sichtweite und die Schrägsichtweite können bestimmt werden, wenn folgende Parameter beliebig vorgegeben sind:

1. die Normsichtweite N_0 am Boden,
2. der vertikale Gradient γ_v der Normsichtweite,
3. die Höhe des Luftzieles H und
4. die Größe des Luftzieles (Zieldurchmesser d).

Es ist allerdings notwendig, für jeden γ_v-Wert ein besonderes Kurvenblatt entsprechend der Abb. 10 anzufertigen. Für die verschiedenen Zieldurchmesser ist es nicht erforderlich, besondere Kurvenblätter anzufertigen, hierfür genügt es, die Parameterskala am oberen und rechten Rand der Abb. 10 gemäß der Abb. 8 auszuwechseln.

Einen Überblick über die Größe, welche die schräge Sichtweite und die Schrägsichtweite annehmen, wenn die genannten Parameter sich ändern, gibt die Tabelle 5 für die schräge Sichtweite und die ganz analog aufgebaute Tabelle 6 für die Schrägsichtweite. Die Tabellenwerte wurden nach dem oben beschriebenen graphischen Verfahren bestimmt, und zwar wurde für diesen Zweck eine der Abb. 10 entsprechende Abbildung für $\gamma_v = 5$ und eine weitere für $\gamma_v = 15$ angefertigt. Die Tabellen 5 und 6 enthalten 3 Hauptspalten für die vertikalen Gradienten mit den Werten 5, 10 und 15 und in jeder Hauptspalte 5 Spalten für die Normsichtweite N_0 mit den Werten 2 km, 5 km, 10 km, 20 km und 50 km. Die drei Hauptreihen der Tabellen 5 und 6 gelten für die Zielhöhen 2 km, 5 km und 10 km und die 6 Reihen innerhalb jeder Hauptreihe erfassen die Zieldurchmesser 2 m, 5 m, 10 m, 20 m, 50 m und 100 m.

Ein Vergleich der Tabellen 5 und 6, bei denen die Zielgröße berücksichtigt wurde mit den Tabellen 3 und 4, denen ein hypothetisches Ziel mit einem Kontrastschwellenwert $\varepsilon = 0{,}02$ zugrunde liegt, zeigt, einen wie starken Einfluß die Zielgröße auf die schräge Sichtweite und auf die Schrägsichtweite hat. Für eine Normsichtweite N_0 am Boden von 10 km, einen vertikalen Gradienten γ_v der Normsichtweite von 10 und eine Zielhöhe H = 5 km entnimmt man z. B. aus Tabelle 3 einen Wert von 29,0 km für die (theoretische)

Tabelle 6

Die Schrägsichtweite in km von schwarzen Zielen, kreisförmigen Luftzielen für verschiedene Werte der Normsichtweite N_0 am Boden, der vertikalen Gradienten γ_v der Normsichtweite, der Zielhöhe H und des Zieldurchmessers d.

Vertikaler Gradient d Normsichtweite γ_v =		5					10					15				
Normsichtweite N_0		2 km	5 km	10 km	20 km	50 km	2 km	5 km	10 km	20 km	50 km	2 km	5 km	10 km	20 km	50 km
	Ziel-Durchmesser d:															
Zielhöhe H = 2 km	2 m	2.2	3.6	4.9	6.5	9.7	3.1	4.3	5.9	7.2	9.9	4.1	5.7	6.5	8 3	10.6
	5 m	3.2	5.1	7.1	10.1	15.9	4.9	6.7	8.6	12.2	16.9	6.5	8.1	9.9	12.6	17.7
	10 m	4.0	6.1	8.9	13.4	21.9	5.9	8.0	10.6	14.2	23.8	7.7	10.3	12.8	16.3	24.0
	20 m	4 4	7.1	11.0	15 9	28.9	6.7	9.8	13.3	19.4	31.7	9.3	12.0	16.1	21.5	33.1
	50 m	5.2	8.0	12.8	19.7	37.4	8.2	11.6	15.5	22.1	38.0	10.8	13.9	18 5	27.7	47.1
	100 m	5.5	8.3	13.4	21.7	43.4	8.6	12.6	17.5	26.4	47.9	11.8	14.6	21.2	29.3	52.9
	Ziel-Durchmesser d:															
Zielhöhe H = 5 km	2 m	–	2.1	4.2	5.8	9.3	1.3	4.5	5 6	7.5	10.3	4.5	5.7	6.9	8.4	10.5
	5 m	2.9	5.6	7.7	11.1	10.7	6.5	8.5	10.7	13.1	18.2	7.9	11.1	12.4	15.0	19.6
	10 m	4.9	7.5	10 3	14.6	23.5	8.0	10.0	13.9	17.3	26.3	11.7	14.2	16.4	20.3	29.5
	20 m	6.0	9.5	12.9	19.1	30.6	10.3	14.0	17.7	23.3	33.8	14.2	18.7	21.9	27.7	37.7
	50 m	7.5	11.4	16.3	23.9	40.7	13.1	17.3	23.0	28.5	46.7	16.7	22.7	28.0	37.6	52.8
	100 m	8.1	12.2	17.8	26.5	47.7	14.0	19.3	24.5	33.1	54.3	18.3	24.7	30.4	44.6	61.6
	Ziel-Durchmesser d:															
Zielhöhe H = 10 km	2 m	–	–	–	–	2.7	–	–	–	–	6.9	–	–	1.1	5.0	7.5
	5 m	–	–	–	9.2	16.6	5.0	8.0	10.7	13.9	19.6	8.5	11.5	14.3	16.6	21.5
	10 m	–	6.0	11.3	15.3	23.9	9.0	13.6	16.3	21.1	28.2	13.8	17.0	20.7	25.0	31.9
	20 m	6.2	9.4	15.1	20.6	33.0	14.2	18.9	22.6	28.1	41.5	19.8	24.8	28.4	33.8	44.5
	50 m	9.0	13.7	20.3	28.3	43.0	17.6	24.1	31.4	38.4	53.2	26.8	30.9	39.0	47.9	62.2
	100 m	10.0	15.7	21.7	32.5	53.0	21.8	27.7	33.5	43.8	63.4	27.1	37.2	43.9	63.6	80.2

schräge Sichtweite und aus Tabelle 4 einen Wert von 28,5 km für die (theoretische) Schrägsichtweite.

In den Tabellen 5 und 6 sind für dieses Beispiel je 6 Werte enthalten, da ja noch die Zielgröße von 2 m bis zu 100 m Durchmesser eingeht. Und zwar liegen diese 6 Werte für die (praktische) schräge Sichtweite nach Tabelle 5 zwischen 7,5 km und 25 km, für die Schrägsichtweite nach Tabelle 6 zwischen 5,6 und 24,5 km. Die Werte der Tabellen 3 und 4 werden also sogar für ein Ziel von 100 m Durchmesser nicht erreicht. Für ein Ziel von 10 m Durchmesser, was etwa einem praktischen Luftziel entspricht, sind die Werte der Tabellen 5 und 6 etwa halb so groß wie die Werte der Tabellen 3 und 4. Das gilt natürlich nicht allgemein, sondern nur für das vorliegende Beispiel. Bei kleinen Normsichtweiten und geringen Zielhöhen ist der Einfluß der Zielgröße längst nicht so ausgeprägt wie bei großen Normsichtweiten und großen Zielhöhen. So hat z. B. die (theoretische) Schrägsichtweite für $N_0 = 2$ km, $H = 2$ km und $\gamma_v = 10$, nach Tabelle 4 den Wert 8,2 km, während die (praktische) Schrägsichtweite nach Tabelle 6 zwischen 3,1 km und 8,6 km liegt. Für $N_0 = 50$ km, $H = 10$ km und $\gamma_v = 10$ findet man aus Tabelle 4 eine (theoretische) Schrägsichtweite von 89,2 km, dagegen aus Tabelle 6 eine (praktische) Schrägsichtweite zwischen 6,9 km und 63,4 km. Ganz allgemein ist, wie zu erwarten, der Einfluß des Zieldurchmessers auf die Schrägsichtweite um so größer, je größer die Schrägsichtweite selbst ist.

Bestimmt man nach dem beschriebenen graphischen Verfahren die schräge Sichtweite für einen vertikalen Gradienten $\gamma_v = 0$, d. h. für eine Atmosphäre homogener Trübung, so geben die so erhaltenen Werte gleichzeitig die Abhängigkeit der horizontalen Sichtweite von der Zielgröße an. Da derartige Werte bisher aus der Literatur nicht bekannt sind, werden sie in der Tabelle 7 mitgeteilt.

Tabelle 7

Die horizontale Sichtweite in km von schwarzen Kreiszielen für verschiedene Normsichtweiten N und verschiedene Zieldurchmesser d

Normsichtweite N	2 km	5 km	10 km	20 km	50 km
Zieldurchmesser d					
2 m	1.4	2.8	4.1	6.1	9.5
5 m	1.6	3.5	5.9	9.0	15.5
10 m	1.8	4.0	6.8	11.5	21
20 m	1.9	4.2	8.0	14	27
50 m	2.1	4.8	8.9	16	35
100 m	2.2	5.1	9.8	18	40

Die in der Tabelle 7 angegebenen Sichtweiten haben nur für schwarze Ziele, die gegen den Himmel kontrastieren, Gültigkeit, für langgestreckte Ziele, sogenannte Nadelziele, wie hohe Schornsteine, Stangen, Drähte, darf erfahrungsgemäß die Zieldicke nicht als Zieldurchmesser angesetzt werden, die Tabelle 7 würde dann viel zu geringe Sichtweitenwerte liefern.

Die Tabelle 7 in Verbindung mit Tabelle 5 zeigt, daß der vertikale Gradient γ_v im allgemeinen die schräge Sichtweite (und somit auch die Schrägsichtweite) nicht sehr stark beeinflußt, wie eigentlich zunächst aus den Darlegungen des Abschnitts IV und den Tabellen 3 und 4 angenommen wurde. Nur bei kleinen Normsichtweiten N_0 ist der Gradient γ_v von etwas stärkerem Einfluß auf die schräge Sichtweite, bei großen Normsichtweiten und überdies großen Flughöhen überwiegt bei weitem der Einfluß der Zielgröße. Das besagt also daß bei einigermaßen guten Sichtverhältnissen die Sichtbarkeit eines Luftzieles in größerer Höhe vorwiegend durch physiologische Gesetze beeinflußt wird, während die Dunstzusammensetzung und Dunstschichtung von geringerer Bedeutung sein dürfte[12]). Das bestätigt aber auch weiter die bekannte Erfahrungstatsache, daß sich die Sichtbarkeit eines Luftzieles am Tageshimmel erheblich durch Benutzung eines Fernglases mit starker Sehschärfenvergrößerung verbessern läßt.

Die Tabellen 5 und 6 geben die Möglichkeit, für jeden praktisch vorkommenden Fall die schräge Sichtweite und die Schrägsichtweite zu entnehmen, da man zwischen den angegebenen Werten bequem interpolieren kann. Es ist allerdings Voraussetzung, daß man die in einem gegebenen Falle vorliegende vertikale Trübungsschichtung durch eine solche angleicht, bei der die Normsichtweite mit der Höhe linear zunimmt. Da es bisher kaum möglich ist, genauere Angaben über die jeweils vorliegende vertikale Trübungsschichtung zu machen, man also auf alle Fälle irgend eine mehr oder weniger rohe Annahme machen muß, ist man wohl ohne weiteres berechtigt, eine lineare Zunahme der Normsichtweite mit der Höhe anzunehmen. Die Berücksichtigung von Dunstschichtungen in ihrer Auswirkung auf die Schrägsichtweite bedarf einer besonderen Berechnung, wofür die hier mitgeteilten Verfahren benutzt werden können.

Die Anfertigung der Abbildungen und die Berechnung der Tabellen lag in den Händen von Fräulein H. Kunkel.

Zusammenfassung: Die Koschmieder'sche Theorie der horizontalen Sichtweite wird zunächst auf inhomogene Trübungsverhältnisse längs der Sehstrahlpyramide erweitert und es wird ein graphisches Verfahren angegeben, um für jede beliebige Trübungsschichtungen die Sichtweite zu bestimmen. Für den Fall einer gleichmäßigen Trübungsabnahme wird eine Sichtweitenformel abgeleitet. Um diese Formel für die Schrägsichtweite vom Boden nach Luftzielen anwenden zu können, ist eine Erweiterung zur Berücksichtigung der Zielgröße notwendig. Es wird eine graphische Methode angegeben, mit deren Hilfe es möglich ist, die Schrägsichtweite eines schwarzen Luftzieles für beliebige Zielgrößen und Zielhöhen sowie beliebige Trübungsverhältnisse mit gleichmäßiger Trübungsabnahme zu bestimmen. In einigen Tabellen wird schließlich ein zahlenmäßiger Überblick über die Größe der Schrägsichtweite schwarzer Luftziele gegeben.

[12]) Bei Luftzielen, die nicht schwarz sind, sondern vielmehr selektiv reflektieren, sind allerdings die meteorologisch bedingten Beleuchtungsverhältnisse (sowie die zufällig gegebene Lage Beobachter gegen Ziel) wahrscheinlich von starkem Einfluß auf die Sichtbarkeit des Luftzieles.

Synoptische und chronologische Methoden in Klimatologie und Wetterkunde

Von H. Seilkopf

Mit 1 Abbildung

Klimakunde und Wetterkunde hatten sich allmählich zu zwei getrennten Forschungs- und Lehrsystemen entwickelt. Unverkennbar ist jetzt das Bestreben, beide wieder einander näher zu bringen und stärker als bisher aufeinander wirken zu lassen. Für die Wetterkunde war ein wesentlicher Anstoß die mit der Entwicklung von FT., Schiffahrt und Luftfahrt verbundene Erweiterung des Wetternachrichten- und Wettervorhersagedienstes über den Rahmen der eigenkontinentalen Wetterkarte und den Wirkungsbereich des eigenen, mehr oder weniger bekannten Klimas hinaus. Für fremde Bereiche mußten deren klimatologische Unterlagen stärker herangezogen werden. Und die Entwicklung der Wetterkunde in den letzten 30 Jahren erteilte der Klimatologe neue Impulse. Zur statischen Auffassung der klassischen Klimatologie trat die dynamische und energetische, zur Luftmassenbetrachtung der Wetterkunde die Luftkörperklimatologie. Sie folgt auch aus einem inneren Streben nach Ganzheitsbetrachtungen und nach einer Gesamtschau als dem natürlichen Gegengewicht gegen zu weitgehende Spezialisierung. Außerdem haben sich in den beiden letzten Jahrzehnten Forschungsrichtungen stärker entwickelt, wie die Perioden- und Rhythmenforschung und die Singularitätenforschung, die in den geschlossenen Lehrgebäuden der Klima- und der Wetterkunde zunächst nicht recht unterzubringen sind. Das Hineindrängen ihrer Gedankengänge und Ergebnisse in Klimatologie und Wetterkunde führt über die klassische Klimatologie hinaus zur Witterungsklimatologie, aber auch über die klassische „Synoptik“ hinaus, wie sie etwa in dem norwegischen System verkörpert wird.

Die stärkere Verzahnung klimakundlicher und wetterkundlicher Betrachtungsweise bringt es mit sich, daß neue Begriffe auftauchen, wie z. B. synoptische Klimatologie, Witterungsklimatologie, neuere Klimatologie, großklimatologische Luftdruckgebilde, klimatische Bereitstellung von Warm- oder Kaltluft u. a. m. Bei einzelnen ist nicht ohne weiteres ersichtlich, welche Inhalte sie decken. Die Begriffe scheinen fließend zu werden, und Erfahrungen z. B. auf Kursen haben gezeigt, daß nicht überall die Begriffe hinreichend scharf auseinandergehalten werden. Bei diesem Stande ist es vielleicht nützlich, sich grundsätzlicher Ordnungsprinzipien zu erinnern.

Gegenstand der Untersuchungen sind Klima, Witterung und Wetter. Wir sprechen vom K l i m a eines Ortes, eines Landes, vom Klima der bodennahen Luftschicht, aber auch vom Klima der Vorzeit. Wir sprechen von der W i t t e r u n g als dem während eines längeren Zeitabschnitts in sich ähnlichen Wetterverlauf oder als dem Wetterablauf einer mehrtägigen bis mehrwöchigen Zeitfolge unter Ausgleichung unerheblicher Tageserscheinungen. Der Witterungsverlauf unseres Wetterschlüssels müßte richtiger Wetterablauf seit dem letzten Hauptbeobachtungstermin heißen. Das W e t t e r bezieht sich stets auf kürzere Zeitabschnitte. Witterung und Wetter gehören aber inhaltlich zusammen. Offensichtlich ist es vor allem die Größenordnung der Z e i t, die Klima, Witterung und Wetter unterscheidet, wobei im Begriff Klima außerdem die Bezogenheit auf die geographische Lage und auf den durch die flüssige oder feste Erdoberfläche gegebenen Untergrund enthalten ist.

Wesentlich ist, welche M e t h o d e n zur Untersuchung und Darstellung von Klima, Witterung und Wetter angewendet werden. Hier sind im Großen zwei Methoden grundsätzlich zu unterscheiden: Man kann vorliegende meteorologische Beobachtungen als Funktion des Raumes oder als Funktion d e r Z e i t untersuchen.

Behandeln wir meteorologische Beobachtungen als F u n k t i o n des Raumes, so stellen wir Felder dar, infolge der sehr erheblichen Unterschiede in der Größenordnung der Höhenkoordinate und der beiden anderen Raumkoordinaten der Atmosphäre, in erster Linie horizontale Felder des betreffenden meteorologischen Elements, die wir gegebenenfalls durch Vertikalschnitte ergänzen. Bei hinreichender Größe der Felder beziehen wir sie auf die geographischen Koordinaten. Durch die kartenmäßige Darstellung gelangen wir zu einer vergleichenden Zusammenschau, d. h. aber wörtlich zu einer S y n o p s i s. Die Felder sind zeitlich veränderlich. Für die Darstellung des Einzelfeldes ist daher Voraussetzung, daß die Beobachtungen streng gleichzeitig sind. Es ist gleichgültig, ob „gleichzeitig“ die nach Minuten zählende Zeitdauer eines einzelnen Beobachtungstermins oder die Zeitspanne von Jahren bedeutet. Gleichzeitig kann sich auch noch auf mittlere Ortszeit beziehen. Im russischen Beobachtungsnetz wurde z. B. nach MOZ beobachtet, und vor 1937 war in der Internationalen Meteorologischen Organisation auf Anregung von englischer Seite hin eine Erörterung entstanden, ob es nicht zweckmäßig sei, die Wetterbeobachtungen auf der ganzen Welt nach mittlerer Ortszeit anstellen und verbreiten zu lassen. Ist die G l e i c h z e i t i g k e i t s b e d i n g u n g nicht erfüllt, können zeitliche Abweichungen örtliche Unterschiede vortäuschen. Dies kann sich auf Klimakarten auf Grund ungleich langer unreduzierter oder unterschiedlicher Zeitspannen umfassender Beobachtungsreihen ebenso bemerkbar machen, wie z. B. in einzelnen Fällen auf den Nacht-, Morgen- und Nachmittagskarten der Vorkriegszeit an den westeuropäischen Küsten; die Schiffsbeobachtungen stammten von 0, 6, 12 MGZ, die Landbeobachtungen aber von 1, 7, 13 MGZ, eine Erfahrung, die gegen die Einführung eines Beobachtungssystems nach Zonen gleicher mittlerer Ortszeit spricht. Klimakarten wie Wetterkarten sind daher nicht nur synoptische Karten, sondern auch simultane oder synchrone. Im Grunde ist die Gleichzeitigkeitsbedingung so entscheidend, daß unsere synoptischen Karten richtiger als simultane oder synchrone zu bezeichnen sind. Die für die Zeit des ersten Polarjahres 1882/83 vom Meteorological Office in London 1886 herausgegebenen Wetterkarten heißen auch: “Synchronous Weather Charts of the North Atlantic and the adjacent Continents, August 1st 1882 to September 3rd 1883.” Später hat sich dann die Bezeichnungsweise „Synoptische“ Wetterkarte allgemein durchgesetzt, so daß die ursprüngliche Begriffsbestimmung fast in Vergessenheit geriet. Vielleicht wird sie deshalb angewendet, weil die Karte eine Zusammenschau der Druck-, Strömungs-, Temperatur-, Bewölkungs- und Niederschlagsverteilung ermöglicht.

Auf Klimakarten sollte der zugrunde liegende Zeitabschnitt stets vermerkt werden. Bei Änderungskarten tritt hervor, daß die Zeit als Konstante eingeht. Für die Darstellung der Felder durch Isolinien sind auf Wetter- und Klimakarten die gleichen Regeln zu beachten. Wenn wir die mittlere Luftdruck- und Windverteilung kartenmäßig darstellen, so haben wir darauf zu achten, daß die Ergebnisse nicht im Widerspruch stehen mit Gesetzmäßigkeiten der atmosphärischen Physik, z. B. mit der Kontinuitätsbedingung oder dem barischen Windgesetz. Klimamittelkarten kann man sich aus synoptischen Karten entstanden denken, wenn man sich eine Klimakarte, wie z. B. eine mittlere Isobaren- oder Isothermenkarte, für einen Monat eines 30jährigen Beobachtungszeitraumes aus der graphischen Addition von 900 oder 930 Tageskarten hervorgegangen denkt. Auch Karten mit Häufigkeitsdarstellungen sind synoptisch und synchron.

Neben der synoptischen Methode wenden Klimakunde und Wetterkunde von jeher eine andere Methode an, indem sie die meteorologischen Beobachtungen als Funktion der Zeit darstellen und untersuchen. Wir wollen sie als chronologische Methode bezeichnen. Die Fragen, die die Praxis an die Meteorologie stellt, beziehen sich häufiger auf den zeitlichen Ablauf als auf die räumliche Verteilung. Chronologische Untersuchungen und Tabellen (Mittel- und Häufigkeitswerte für Monate oder andere Zeitabschnitte) nehmen einen großen, wenn nicht den größeren Teil klimatologischen Schrifttums ein. Dort wie in der Wetterkunde (Dove) ging die chronologische Betrachtungsweise der synoptischen voraus. Noch heute steht die chronologiche Diagnose des Wetters und der meteorologischen Elemente, die Analyse der Wetter- und Witterungsgeschichte gleichberechtigt neben der synoptischen.

Ist der Beobachtungsort beweglich, wie z. B. ein fahrendes Schiff oder ein Flugzeug als Beobachtungsträger, so sind in den Änderungen der meteorologischen Elemente und des Wetters die örtlichen und die zeitlichen Änderungen enthalten. Fährt beispielsweise ein Schiff mit gleicher Geschwindigkeit wie ein parallel zu seinem Kurs wanderndes Tief, so kann es u. U. auf der gleichen Isobare, in der gleichen Luftmasse und im gleichen Wetter bleiben. Zwischen den synoptischen Karten des entsprechenden Zeitabschnittes zeigen sich dagegen erhebliche Änderungen. Die Ortsveränderung des Beobachtungsträgers ermöglicht es, die zeitlich aufeinander folgenden Beobachtungen räumlich zu trennen und bei den einzelnen Beobachtungspositionen des Kurses kartenmäßig einzutragen, wie es der Verfasser auf Ozeanfahrten getan hat (siehe Karte). Sie läßt ohne Kenntnis der synoptischen Lage Schlüsse auf die jeweilige Wetterlage zu, wie es auf der Karte nach den Tagebuchaufzeichnungen angedeutet ist. Man erkennt auf der Ausreise die im Februar weit nach Süden greifende

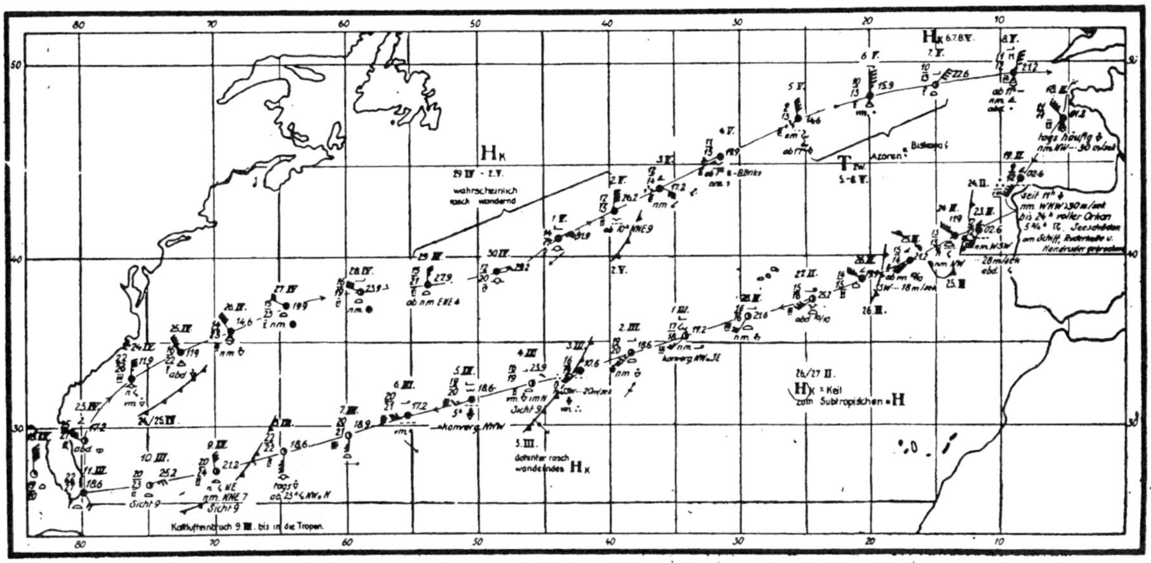

starke Westdrift, auf der Heimreise die für Ende April und Anfang Mai dagegen typischen Hochdrucklagen auf den nördlichen Teilen vom Nordatlantik, ferner die in fünftägigem Rhythmus erfolgenden Kaltlufteinbrüche (26. II., 3. III., 8. III., 24. IV., 2. V. 1923). Derartige Wetter-Wegekarten, wie man sie auch nennen kann, sind übrigens gern zur nachträglichen meteorologischen Bearbeitung von Schiffsreisen verwendet worden, namentlich für Seeräume, von denen keine sonstigen Beobachtungen vorlagen. — Fliegt ein sehr schnelles Flugzeug mit einer Geschwindigkeit, gegen welche die Änderungsgeschwindigkeit des Wetters und seiner Elemente sehr klein ist, so können die zeitlichen Änderungen vernachlässigt werden; die Beobachtungen werden quasi — synchron oder nach dem allgemeinen Sprachgebrauch „synoptisch".

In dem zeitlichen Ablauf der meteorologischen Elemente und der Wettererscheinungen werden Perioden, Rhythmen und Symmetrien gefunden. Perioden und Rhythmen treten in Klima, Witterung und Wetter auf und entsprechend der Größenordnung der Zeit sind Probleme und Untersuchungen der Klimakunde oder der Wetterkunde zuzurechnen. Stellt man den Jahresgang meteorologischer Elemente nach Mittel- oder Häufigkeitswerten für kleine von der Tagesperiode noch unbeeinflußte Zeitabschnitte (Tage, Triaden, Pentaden) dar, so finden sich in dieser Klimakurve monatszeitlich gebundene „Singularitäten". Wenn die Singularitätenforschung die Häufigkeit von Großwetterlagen oder von Witterungsregelfällen zu bestimmten Zeitabschnitten des Jahresverlaufs erörtert, wendet sie die synoptische Methode an und gelangt so zu „synoptischen Singularitäten". Sonst aber ist die Untersuchung all' dieser Erscheinungen, weil auf die Zeit bezogen, im ganzen der chronologischen Methode einzuordnen. Ihre Behandlung stellt eine neue chronologische Betrachtungsweise dar, welche die zurzeit zu einem gewissen Abschluß gekommene synoptische ergänzt und erweitert.

Um den Dualismus zwischen synoptischer und chronologischer Betrachtungsweise und Methode kommt die Meteorologie nicht herum. Er ist letzten Endes darin begründet, daß wir uns die Zeit als vierte Dimension zusammen mit den drei Dimensionen des Raumes anschaulich nicht vorstellen können. Der Dualismus zieht sich durch Klimakunde und Wetterkunde hindurch. Nicht richtig ist es daher, die Begriffe synoptische Meteorologie und Wetterkunde synonym zu verwenden. Notwendig ist es daher, in der Klimakunde und in der Wetterkunde synoptische und chronologische Methoden zu unterscheiden. Es sind unsere Beobachtungs- und Untersuchungsmethoden, die die Ganzheit atmosphärischen Geschehens zergliedern.

Zusammenfassung: Bei der Darstellung von Klima, Witterung und Wetter kann man grundsätzlich zwei verschiedene Methoden unterscheiden, je nachdem man die vorliegenden meteorologischen Beobachtungen als Funktion des Raumes oder als Funktion der Zeit untersucht. In der Klimakunde und in der Wetterkunde muß man synoptische und chronologische Methoden anwenden. Bei Klima- und Häufigkeitskarten sind die Beobachtungen eine Funktion des Raumes; die Methode ist also synoptisch.

Anschrift des Verfassers: (24 a) Hamburg-Nienstedten, Up de Schanz 24.

Betrachtungen zur thermischen Konvektion

Mit 3 Abbildungen

G. Skeib - Potsdam

Zusammenfassung:

Die Erscheinungen der thermischen Konvektion werden erörtert:

I. Unter der Annahme statisch aufsteigender Warmluftballen.

II. Unter der Annahme eines thermisch instabilen Strömungsfeldes.

Aus den Ergebnissen beider Betrachtungsweisen werden die Schlüsse gezogen für das Schema der thermischen Kleinkonvektion und diese am Schluß scharf abgegrenzt gegen die Erscheinungen der dynamischen Turbulenz.

In dieser Arbeit soll die thermische Konvektion beschrieben werden, wobei wir unter dem Begriff der thermischen Konvektion alle jenen kleinräumigen Strömungsformen der Luft zusammenfassen wollen, für die Strahlung die direkte Energiequelle darstellt, sei es am Erdboden, wo die Einstrahlung auf dem Umwege über die turbulente Wärmeleitung die thermische Konvektion anfacht, sei es an einer höher gelegeneren Emissionsschicht, wo eben die Ausstrahlung als Energiequelle einer „negativen" thermischen Konvektion wirksam ist. Das feuchtlabile Aufsteigen bleibt also bei dieser Betrachtungsweise ausgeschlossen, da ja die freiwerdende Kondensationswärme eine zusätzliche Energiequelle darstellt. Die Strömungszyklen der thermischen Konvektion sind in Wirklichkeit meist in sich dynamisch turbulent. Darauf muß ausdrücklich hingewiesen werden, da in der meteorologischen Literatur leider allzuoft Konvektionserscheinungen und dynamische (Scherungs-) Turbulenz durcheinandergeworfen oder gar identifiziert werden, obwohl sie doch, was später noch besonders betont werden soll, wesentlich verschiedene Erscheinungsformen der Luftunruhe darstellen. Bei der Beschreibung des Mechanismus der Konvektion hat man sich zumeist auf das aus der direkten Anschauung großkonvektiver Wolkenformen sich aufdrängende Bild des „Warmluftschlauches" oder der aufsteigenden „Warmluftblase" festgelegt. Sicherlich reicht aber dieses Schema zur Darstellung des Konvektionsvorganges im ganzen nicht aus. Zumal die Kleinkonvektion verdient in diesem Zusammenhange eine besondere Beachtung. Sie besorgt die langsam stetige Labilisierung einer durch nächtliche Ausstrahlung stabil gewordenen unteren Luftschicht und ist die eine hoch hinaufreichende Großkonvektion fördernde und einleitende Ursache. Sie wird in ihrem wesentlichen Anfangsstadium ohne Kondensationsvorgänge verlaufen, also im oben beschriebenen Sinne rein thermisch sein. Die oft zu beobachtenden kurzfristig periodischen Schwankungen der meteorologischen Elemente in den unteren Schichten legen die Auffassung nahe, auch der thermischen Kleinkonvektion eine zeitliche sowie räumliche Periodizität zuzuschreiben, die in ihrer idealen grob vereinfachten Form natürlich nur auf dem Rechenpapier erscheint, in Wirklichkeit aber stets durch Oberflächengestalt und Strahlungseigenschaften der Erdoberfläche modifiziert wird. Um jede Verquickung mit den im ganzen noch recht undefinierten Erscheinungen voll ausgebildeter dynamischer Turbulenz zu vermeiden, beschränken sich die folgenden Betrachtungen (speziell unter II) grundsätzlich auf Strahlungstage mäßiger horizontaler Luftbewegung. Zum Vergleich mit der unter II. geschilderten zellenmäßigen Konvektionsbewegung seien die leicht quantitativ darstellbaren Tatsachen der Bewegung eines isoliert aufsteigenden Warmluftkörpers hier noch einmal kurz zusammengestellt. Die folgenden Gleichungen gelten natürlich ganz analog für Absinkbewegungen an einer in der Höhe gelegenen Ausstrahlungsschicht (z. B. Obergrenze einer Schichtwolke).

I. Die Warmluftblase als Konvektionselement:

Wir bezeichnen mit ρ die Dichte, mit T die Temperatur der Umgebung des Warmluftkörpers, mit ρ' und T' Dichte und Temperatur der aufsteigenden Masse selbst. Die Bewegung sei nur von der Höhenkoordinate z abhängig. Führt man in die Minimumsforderung für das Integral der Wirkungsfunktion

$$\delta \iint (E_{kin} - E_{pot})\, dz\, dt = 0 \qquad (1)$$

$$E_{kin} = \frac{\rho'}{2}\left(\frac{\delta z}{\delta t}\right)^2 \quad \text{kinetische Energie}$$

$$E_{pot} = g\int (\rho - \rho')\, dz \quad \text{potentielle Energie}$$

die entsprechenden Größen ein, so wird (1)

$$\delta \iint \left[\frac{1}{2}\left(\frac{\delta z}{\delta t}\right)^2 - \frac{g}{\rho'}\int (\rho - \rho')\, dz\right] dz\, dt = 0 \qquad (2)$$

Aus der das Variationsproblem lösenden Euler-Lagrangeschen Differentialgleichung

$$\frac{\delta L}{\delta z} = \frac{d}{dt}\left[\frac{\delta L}{\delta\left(\frac{\delta z}{\delta t}\right)}\right] \qquad L = \left(\frac{\delta z}{\delta t}\right)^2 - \frac{g}{\rho'}\int (\rho - \rho)\, dz \qquad (3)$$

erhält man sofort die bekannte Schwingungsgleichung

$$g\frac{(\rho - \rho')}{\rho'} = \frac{d}{dt}\left(\frac{\delta z}{\delta t}\right) \qquad (4)$$

für die man bei Gleichsetzung der Drucke im aufsteigenden Warmluftkörper und in der Umgebung

$$\frac{d^2 z}{dt^2} + g\,\frac{\gamma' - \gamma}{T}\, z = 0 \qquad (5) \qquad \gamma = -\frac{\delta T}{\delta z} \text{ linearer geometrischer Temperaturgradient}$$

$$\gamma' = -\frac{g}{c_p} \text{ adiabatischer Temperaturgradient}$$

setzen kann.

Ersetzt man zur Integration die im Nenner des zweiten Gliedes auftretende Temperatur T in erster Annäherung durch die geometrische Mitteltemperatur des Integrationsbereiches T_m, so erhält man aus der allgemeinen Lösung

$$z = A e^{int} + B e^{-int} \qquad (6) \qquad n = \sqrt{\frac{g(\gamma' - \gamma)}{T_m}}$$

harmonische Schwingungen um $z = z_0$ für $\gamma < \gamma'$ und eine mit der Zeit unbegrenzt anwachsende Entfernung aus der Ruhelage z_0

$$z = z_0 \operatorname{Cos} nt \qquad (7) \qquad \text{für } \gamma > \gamma'$$

Zu einer anschaulichen Deutung und praktischen Verwendung der obigen Lösungen $z = z(t)$ für die Vorgänge der thermischen Konvektion bei Gradienten $< \gamma'$ kommen wir dadurch, daß wir die in der Horizontalen vorhandenen Temperaturanomalien uns entstanden denken als dynamisch erzwungene adiabatische Senkung bzw. Hebung aus der thermischen Gleichgewichtslage z_0 in die wirklich vorhandene z. $(z_0 - z) = H$ können wir als thermokonvektive Mischungshöhe bezeichnen, d. h. die Höhe, um die aufsteigende größere Warmluftballen sich mit rasch abnehmender Amplitude infolge von Reibung und Zerstörung durch Turbulenz auspendeln[1]). Kleinere Luftkörper, deren archimedischer Auftrieb so gering ist, daß ihre Bewegung nicht mehr als adiabatisch bezeichnet werden kann, erreichen die Mischungshöhe nicht und gleichen sich vorher der Temperatur der Umgebung an. H ergibt sich als Funktion der horizontalen Temperaturanomalie ΔT aus:

$$\begin{aligned} T' &= T_0 + \gamma' H \\ T &= T_0 + \gamma H \\ \hline T' - T &= \Delta T = (\gamma' - \gamma) H \end{aligned} \qquad \text{d. h.} \quad H = \frac{\Delta T}{\gamma' - \gamma} \qquad (8)$$

also für $\gamma = 0{,}3\,^0/_{100}$ m $\quad H \sim 143 \cdot \Delta T$ m
$\gamma = 0{,}5\,^0/_{100}$ m $\quad H \sim 200 \cdot \Delta T$ m
$\gamma = 0{,}7\,^0/_{100}$ m $\quad H \sim 332 \cdot \Delta T$ m
$\gamma = 0{,}9\,^0/_{100}$ m $\quad H \sim 1000 \cdot \Delta T$ m.

Diese nur für lineare Temperaturabnahme mit der Höhe richtige Rechnung wird natürlich in Wirklichkeit durch die Veränderlichkeit von $\gamma = \gamma(z)$ modifiziert bzw. bei Auftreten starker Inversionen ganz illusorisch. Schreiben wir die periodische Lösung (5) für z (t) in ihrer reellen Form:

$$z = K_1 \cos nt + K_2 \sin nt \quad \text{und wegen} \quad \begin{aligned} z &= H \text{ für } t = 0 \\ \frac{\delta z}{\delta t} &= 0 \;\;\text{„}\;\; t = 0 \end{aligned}$$

$$z = H \cos nt \qquad \left|\frac{\delta z}{\delta t}\right| = nH \sin nt \qquad 0 < t < \frac{\pi}{2n}$$

so erreicht $\left|\frac{\delta z}{\delta t}\right|$ seinen Höchstwert zum Zeitpunkt

$$t = \frac{\pi}{2n} \quad \text{wobei} \quad \left|\frac{\delta z}{\delta t}\right|_{max} = nH = \Delta T \sqrt{\frac{g}{T_m(\gamma' - \gamma)}} \qquad (9)$$

z. B. ergibt sich für $\gamma = 0{,}5\,^0/_{100}$ m, $T = 283^0$ K, $\Delta T = 2^0$ eine maximale Aufstiegsgeschwindigkeit $\left|\frac{\delta z}{\delta t}\right|_{max}$ von ~ 5 m/sec. Der so errechnete Wert ist wegen der nicht berücksichtigten Reibung stets größer als der wirkliche. Da die Gesamtschwingungsdauer einer Vollperiode $\tau = \frac{2\pi}{n}$ betragen würde, errechnet sich die Zeit des Aufstiegs bis zur Mischungshöhe, die nach unserer Definition eine Viertelperiode beträgt, zu

$\tau_A = \frac{\pi}{2n}$ z. B. für $T_m = 283^0$ K, $\gamma = 0{,}5\,^0/_{100}$ m $\tau_A \sim$ 120 sec. Der so errechnete Wert ist wegen der nicht berücksichtigten Reibung stets kleiner als der wirkliche.

Wie eingangs erwähnt, gelten alle diese Beziehungen angenähert nur für ein in kältere Luft eingebettetes isoliert aufsteigendes Warmluftquantum, doch reichen sie zu einer quantitativen Erfassung der Vorgänge in großkonvektiven Warmluftschläuchen vor Eintritt der Kondensation schon aus[2]). Allerdings müssen wir schon hier bedenken, daß der aufschießende Warmluftstrom durch turbulente Vermischung immer mehr Masse seiner direkten Umgebung in die Aufstiegsbewegung mit einbezieht. Die Verbreiterung des aufsteigenden Luftstromes durch Vermischung vollzieht sich analog den Vorgängen beim „freien Strahl" proportional der Entfernung vom Ausgangsniveau, und zwar so, daß der Querschnittsimpuls konstant bleibt. Dieser Verbreiterung ist natürlich die druckmäßig bedingte Ausdehnung noch überlagert. Die Grenze zwischen aufsteigender Warmluft und kälterer Luft der Umgebung wird so immer schwerer zu definieren sein und in demselben Maße schwindet die Realität der Rechenergebnisse obiger elementarer Betrachtungsweise. Wesentlich näher kommt man den wirklichen Vorgängen dadurch, daß man nicht mehr einzelne isolierte Warmluftkörper betrachtet, sondern das ganze Strömungsfeld einer in der Vertikalen instabilen Schichtung in

Rechnung zieht. Hierbei wird sich herausstellen, daß eine Konvektionsströmung mit einem stetigen Geschwindigkeitsprofil sehr wohl möglich ist und sogar rein formal durch die hydrodynamischen Gleichungen direkt gefordert wird. Damit soll das Vorhandensein von Konvektionsströmungen in Form von Warmluftschläuchen oder Thermikblasen nicht geleugnet werden, und diese sollen an der ihnen zukommenden Stelle mitberücksichtigt werden. Im folgenden werden nun zunächst die wesentlichen Eigenschaften einer Zellenströmung in thermisch instabilen Schichten und die Möglichkeit ihrer Anwendung auf die thermische Kleinkonvektion diskutiert.

II. Zellenströmung in thermisch instabilen Schichten:

Diese Erscheinungsgruppe wurde zuerst experimentell von H. Bénard[3]) behandelt, später auch theoretisch von Lord Rayleigh[4]) und H. Jeffreys[5]). Eine umfassende Theorie der thermischen Konvektion müßte auf den Grundtatsachen der obigen experimentellen und theoretischen Ergebnisse durch Erweiterung der Rechnung auf kompressible Medien und Berücksichtigung der besonderen meteorologischen Störfaktoren aufgebaut werden. Die rechnerische Darstellung des Problems soll in Anlehnung an Lord Rayleigh hier nur in einfachster Form für die stationäre Konvektionsströmung eines inkompressiblen Mediums erfolgen.

Bezeichnen wir mit V, Q, P, Φ, Θ Geschwindigkeitsvektor, Dichte, Druck, Schwerepotential und Temperatur eines ungestörten Strömungsfeldes und mit v, ρ, p, T, die zu diesen Größen gehörenden kleinen Abweichungen in einem gestörten Stromfelde, so erhalten wir aus den hydrodynamischen Gleichungen des ungestörten Feldes:

$$(1)\quad \frac{\delta V}{\delta t} + V\nabla\cdot V + \frac{1}{Q}\nabla P - \mu\nabla^2 V + \nabla\Phi = 0 \qquad \text{Bewegungsgleichungen}$$

$$(2)\quad \frac{\delta Q}{\delta t} + \nabla(QV) = 0 \qquad \text{Kontinuitätsgleichung}$$

$$(3)\quad \frac{\delta\Theta}{\delta t} + V\nabla\Theta = \lambda\nabla^2\Theta \qquad \text{Wärmeleitungsgleichung}$$

μ = Koeffizient der inneren (Schein-) Reibung,

λ = Koeffizient der inneren (Schein-) Wärmeleitung

durch Variation der Feldgrößen des ungestörten Zustandes und gleichzeitiges Ersetzen der variierten Größen durch die entsprechenden Störgrößen v, ρ, p, T, aus (1) bis (3) die folgenden linearisierten Störungsgleichungen:

$$(1')\quad \frac{\delta v}{\delta t} + v\nabla\cdot V + V\nabla\cdot v + \frac{1}{Q^2}(Q\nabla p - \rho\nabla P) - \mu\nabla^2 v = 0$$

$$(2')\quad \frac{\delta\rho}{\delta t} + \rho\nabla V + V\nabla\rho + Q\nabla v + v\nabla Q = 0$$

$$(3')\quad \frac{\delta T}{\delta t} + v\nabla\Theta + V\nabla T = \lambda\nabla^2 T$$

Für stationäre Verhältnisse ($\frac{\delta}{\delta t} = 0$) und Gleichgewicht des Grundzustandes ($V = 0$) erhalten wir aus obigen Vektorgleichungen in voll ausgeschriebener Form:

$$(1a'')\quad \frac{1}{Q}\frac{\delta p}{\delta x} - \mu\left(\frac{\delta^2 u}{\delta x^2}+\frac{\delta^2 u}{\delta y^2}+\frac{\delta^2 u}{\delta z^2}\right) = 0 \qquad \frac{\delta P}{\delta x} = 0$$

$$(1b'')\quad \frac{1}{Q}\frac{\delta p}{\delta y} - \mu\left(\frac{\delta^2 v}{\delta x^2}+\frac{\delta^2 v}{\delta y^2}+\frac{\delta^2 v}{\delta y^2}\right) = 0 \qquad \frac{\delta P}{\delta y} = 0$$

$$(1c'')\quad \frac{1}{Q}\left(\frac{\delta p}{\delta z}+\rho g\right) - \mu\left(\frac{\delta^2 w}{\delta x^2}+\frac{\delta^2 w}{\delta y^2}+\frac{\delta^2 w}{\delta z^2}\right) = 0 \qquad \frac{\delta P}{\delta z} = -Qg$$

$$(2'')\quad Q\left(\frac{\delta u}{\delta x}+\frac{\delta v}{\delta y}+\frac{\delta w}{\delta z}\right) + w\frac{\delta Q}{\delta z} = 0 \qquad \frac{\delta Q}{\delta x} = \frac{\delta Q}{\delta y} = 0$$

$$(3'')\quad w\beta - \lambda\left(\frac{\delta^2 T}{\delta x^2}+\frac{\delta^2 T}{\delta y^2}+\frac{\delta^2 T}{\delta z^2}\right) = 0 \qquad \frac{\delta\Theta}{\delta x} = \frac{\delta\Theta}{\delta y} = 0 \quad \frac{\delta\Theta}{\delta z} = \beta$$

Beachtet man nur die Temperaturabhängigkeit der Dichte $Q = Q_0(1 + \alpha\Theta)$, so kann man bei Vernachlässigung der Terme $\Theta\alpha\frac{\delta p}{\delta x}$, $\Theta\alpha\frac{\delta p}{\delta y}$, $\Theta\alpha\frac{\delta p}{\delta z}$ in (1″) und $w\alpha\beta$ in (2″) $\left(\frac{\delta Q}{\delta z} = \alpha\beta\right)$ schließlich schreiben:

$$(1a''')\quad \frac{1}{Q_0}\frac{\delta p}{\delta x} - \mu\left(\frac{\delta^2 u}{\delta x^2}+\frac{\delta^2 u}{\delta y^2}+\frac{\delta^2 u}{\delta z^2}\right) = 0$$

$$(1b''')\quad \frac{1}{Q_0}\frac{\delta p}{\delta y} - \mu\left(\frac{\delta^2 v}{\delta x^2}+\frac{\delta^2 v}{\delta y^2}+\frac{\delta^2 v}{\delta z^2}\right) = 0$$

$$(1c''')\quad \frac{1}{Q_0}\frac{\delta p}{\delta z} + g\alpha T - \mu\left(\frac{\delta^2 w}{\delta x^2}+\frac{\delta^2 w}{\delta y^2}+\frac{\delta^2 w}{\delta z^2}\right) = 0$$

$$(2''')\quad \frac{\delta u}{\delta x}+\frac{\delta v}{\delta y}+\frac{\delta w}{\delta z} = 0$$

$$(3''')\quad w\beta - \lambda\left(\frac{\delta^2 T}{\delta x^2}+\frac{\delta^2 T}{\delta y^2}+\frac{\delta^2 T}{\delta z^2}\right) = 0$$

Setzt man zunächst rein formal v, p, T, proportional $e^{i\xi x}\,e^{i\eta y}\,e^{i\zeta z}$ an, so erhält man aus den letzten Gleichungen das System:

$$(1a^{IV})\quad \frac{i\xi}{Q_0}p + \mu u(\xi^2+\eta^2+\zeta^2) = 0$$

$$(1b^{IV})\quad \frac{i\eta}{Q_0}p + \mu v(\xi^2+\eta^2+\zeta^2) = 0$$

$$(1c^{IV})\quad \frac{i\zeta}{Q_0}p + g\alpha T + \mu w(\xi^2+\eta^2+\zeta^2) = 0$$

$$(2^{IV})\quad u\xi + v\eta + w\zeta = 0$$

$$(3^{IV})\quad w\beta + \lambda T(\xi^2+\eta^2+\zeta^2) = 0$$

Durch Elimination von u, v, p aus 1^{IV} und 2^{IV} erhält man

$$(4)\quad (\xi^2+\eta^2+\zeta^2)\,w = -\frac{g\alpha(\xi^2+\eta^2)}{\mu(\xi^2+\eta^2+\zeta^2)}\,T$$

welche Gleichung zusammen mit 3^{IV}

$$(5)\quad (\xi^2+\eta^2+\zeta^2)^3 - \frac{\alpha\beta}{\lambda\mu}g(\xi^2+\eta^2) = 0$$

ergibt.

Auf Grund des Ansatzes für die störenden Faktoren in harmonischen Funktionen der drei (kartesischen) Raumkoordinaten bedeuten:

$$\xi = \frac{n\pi}{l};\quad \eta = \frac{n\pi}{b};\quad \zeta = \frac{n\pi}{h};\quad n = 1, 2, 3 \cdots \text{ganze Zahl}$$

wobei l. b, h Länge, Breite und Höhe des Grundintervalles der Störungsfunktion sind. Da die Höhe der instabilen Schicht in der Natur vorgegeben ist, so folgt aus (5) aus h über ζ eine Beziehung für $(\xi^2 + \eta^2)$, d. h. für Längen- und Breitenausdehnung der zu erwartenden Konvektionszelle, allerdings nicht ohne daß das Verhältnis $\frac{\xi}{\eta} = \frac{b}{l}$ vorgegeben ist. Nehmen wir z. B. den Grundriß der Zelle als Quadrat an, d. h. $\frac{\xi}{\eta} = 1$.

Zuerst folgt aus 5:

$$[n\pi^2 + h^2(\xi^2+\eta^2)]^3 = \frac{\alpha\beta}{\lambda\mu} g h^6 (\xi^2+\eta^2) \tag{6}$$

indem man $\zeta = \frac{n\pi}{h}$ berücksichtigt. Führen wir zur Abkürzung $h^2(\xi^2 + \eta^2) = \varkappa^2$ ein, so schreibt sich 6:

$$(n^2\pi^2 + \varkappa^2)^3 = \gamma \varkappa^2 \quad \text{mit } \gamma = \frac{\alpha\beta g h^4}{\lambda\mu} \tag{7}$$

Sind bei vorgegebener Höhe h die Feldgrößen λ, μ, α, g bekannt, so folgt aus dem Minimalwert von γ in (7) (wenn $\varkappa$ als veränderlicher Parameter aufgefaßt wird) der kleinstmögliche Wert von $|\beta| = \beta_{min}$, für den eine mit den Gleichungen ($1'''$) bis ($3'''$) verträgliche stationäre Störbewegung erfolgen kann. Für alle $|\beta| < \beta_{min}$ bleibt das Medium ohne Rücksicht auf statische Instabilität in Ruhe und für $|\beta| > \beta_{min}$ setzt die Zirkulationsbewegung ein. Der Wert von $\varkappa$, bei dem γ sein Minimum erreicht, liefert uns dann bei Vorhandensein einer Beziehung $\xi = \xi(\eta)$ die Horizontalausmaße der zuerst auftretenden Zellen. Um das Minimum von γ zu bestimmen, setzen wir in (7) zunächst n = 1

$$\gamma = \frac{(\pi^2+\varkappa^2)^3}{\varkappa^2} \tag{8}$$

und erhalten hieraus für den Minimalwert von $\gamma = \gamma_{min}$ $\varkappa = \frac{\pi}{\sqrt{2}}$ d. h. γ_{min} selbst = 651. Mit unserer Annahme $\xi = \eta$ folgt aber aus der Definition von $\varkappa$

$$\varkappa = \frac{h\pi}{l}\sqrt{2} \quad \text{also mit (8)} \quad l = 2h$$

d. h. die zuerst auftretenden Zellen haben eine Horizontalerstreckung vom Betrage der doppelten Höhe.
Die speziellen Formen der Lösungen für die gestörten Feldgrößen v, p, T bestimmen wir aus den Anfangsbedingungen. Zunächst folgt aus der Forderung, daß an der Ober- und Untergrenze der instabilen Schicht θ einen vorgeschriebenen (nicht notwendig konstanten) Wert haben soll, für die gestörte Temperatur T = 0 für z = 0, z = h. Diese Forderung ist erfüllt, wenn aus dem $e^{i\zeta z}$ Term nur das Sinusglied berücksichtigt wird, woraus aber folgt, daß $\frac{\partial T}{\partial z} \neq 0$ für z = 0, z = h und damit auch nach (4) $\frac{\partial w}{\partial z} \neq 0$ also die Forderung von starren Begrenzungswänden nicht erfüllt ist. Dies fällt nun aber für eine meteorologische Anwendung nicht zum Nachteil aus, da wir es hier zumeist mit freien, nicht starr begrenzten Instabilitätsschichten zu tun haben. Zeichnen wir uns eine der möglichen Geschwindigkeitsverteilungen im x-z-Schnitt,

$$-u = u_0 \sin\frac{2\pi}{h} z \sin\frac{2\pi}{l} x$$

$$w = w_0 \cos\frac{2\pi}{l} x \sin\frac{\pi}{h} z$$

(Figur 1: Vertikalschnitt durch eine Zirkulationszelle. Verteilung von w für z = h/2 und u für $x = \pm\frac{l}{4}$ durch Pfeile angedeutet.)
wobei u_0 und w_0, die Maximalwerte der in dem Zirkulationssystem vorkommenden Vertikal- bzw. Horizontalgeschwindigkeiten sind, so fällt schon hier der grundlegende Unterschied zwischen solch einer zellenmäßigen Konvektionströmung und dem schematischen Bild der isolierten Warmluftblase auf.

Gemäß des Lösungsansatzes in Exponentialfunktionen kann man sich durch Überlagerung beliebiger Einzellösungen je nach Wahl der Anfangsbedingungen eine Geschwindigkeitsverteilung herstellen:

$$\begin{aligned} u &= \sum n A_n e^{i\xi_n x} e^{i\eta_n y} e^{i\zeta_n z} \\ v &= \sum m B_m e^{i\xi_m x} e^{i\eta_m y} e^{i\zeta_m z} \\ w &= \sum l C_l e^{i\xi_l x} e^{i\eta_l y} e^{i\zeta_l z} \end{aligned} \tag{9}$$

Die räumliche Geschwindigkeitsverteilung deutet Figur 2 an, in der die für den Horizontalschnitt z = h/2 gül-

Figur 1

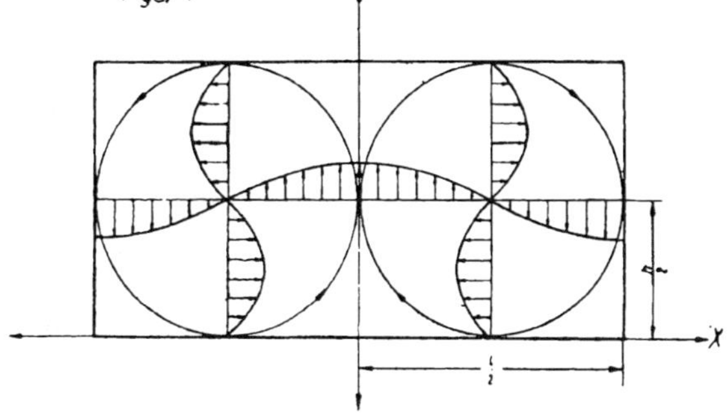

tige einfachste Grundlösung für die Vertikalgeschwindigkeit w = w (x y)

$$w = w_0 \cos\frac{2\pi}{l} x \cos\frac{2\pi}{b} y$$

dargestellt ist.

Figur 2

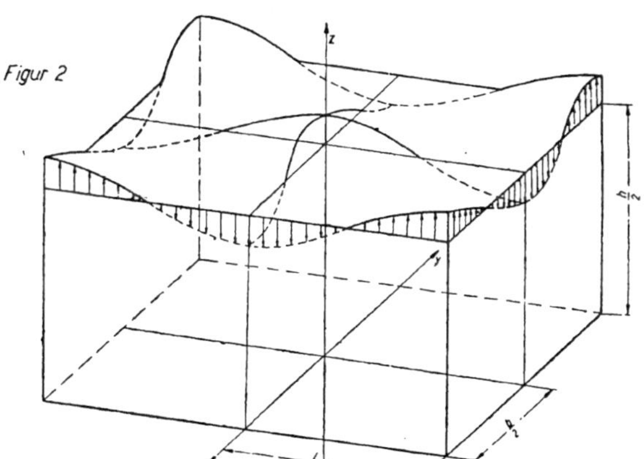

(Figur 2: räumliches Bild einer Zirkulationszelle. Horizontalverteilung von w für z = h/2 durch die Fläche w = w [x y] dargestellt.)

Ist der ungestörte Zustand nicht durch V = 0 ausgezeichnet, so müßten die jeweils vorhandenen Geschwindigkeitskomponenten der Grundströmung Vx, Vy, Vz, sowie ihre ersten Ableitungen gemäß ($1'$) bis ($3'$) in die Störungsgleichungen ($1''$) bis ($3''$) eingehen. Hier sei nur mitgeteilt, daß im Einklang mit den Experimenten[6]) die Lösung durch parallel zur Grundströmung laufende Wirbelschläuche gegeben ist, die gegensinnig rotieren, so daß z. B. Fig. 1 einen Vertikalschnitt durch das Stromfeld senkrecht zur Grundströmung darstellt.

III) Die Zelle als Konvektionselement.

Es liegt nahe, eine Analogie in den oben geschilderten Erscheinungen mit atmosphärischen Strömungsformen in thermisch instabilen Schichten zu suchen und Ansätze in dieser Richtung liegen schon vor[7]) [8]). Zur theoretischen Behandlung müßte man auf jeden Fall die einschränkende Bedingung der Inkompressibilität fallen lassen. Experimentell hat man die zellenmäßige Konvektionsbewegung in G a s - sowohl als auch Flüssigkeitsschichten bis 5 cm Dicke festgestellt[6]) und die Übertragung auf die in der Atmosphäre vorkommenden Schichtdicken von 10^4 bis 10^5 cm scheint insofern gerechtfertigt, als man bei der experimentellen Arbeit natürlich in der Horizontalerstreckung der Versuchsanordnung einigermaßen beschränkt ist, außerdem aber in der Atmosphäre die 10^3- bis 10^4-mal größeren Koeffizienten der turbulenten inneren Reibung bzw. Wärmeleitung in unsere Gleichungen eingehen[9]). Jedenfalls belehrt uns jede aufmerksame Betrachtung einer sich am abendlichen Himmel auflösenden Schichtwolkendecke, daß die sich zeigenden regelmäßigen Formen nicht allein durch Helmholtzsche Luftwogen zu erklären sind und umgekehrt liefern die Experimente mit thermisch instabilen Gas- und Flüssigkeitsschichten in frappierender Ähnlichkeit alle bei Schichtwolken zu beobachtenden Formen. Kommen aber zellenmäßige Konvektionströmungen in der Atmosphäre vor, so müssen wir ihr Vorhandensein in jeder instabilen Schicht vermuten auch dort, wo sie nicht wie im Falle der Schichtwolken dem Auge deutlich sichtbar werden. Dies gilt insbesondere für die vormittäglich von unten her erwärmte Schicht unter einer Ausstrahlungsversion und auch für die eine dauernde Labilitätszone schaffende Albrechtsche Emissionsschicht in der Höhe. Für die bodennächste Schicht allerdings wollen wir diese Möglichkeit ausschließen, da die starke Bodenreibung eine zirkulationsfreie thermisch äußerst instabile Schichtung zuläßt (vgl. [7]). Umgekehrt erklärt diese Annahme auch überhaupt erst die an Strahlungstagen festzustellenden übergroßen Gradienten der bodennächsten Schicht, deren Vorhandensein rein statisch gar nicht einzusehen ist, da die eine Vertikalbewegung einleitenden kleinen Störimpulse stets zur Genüge vorhanden sind. So kann sich am Boden eine beträchtliche „Warmlufthaut“ bilden, die erst durch einen größeren Störimpuls von oben her aufgerissen wird. Erhebt sich dabei ein größeres Warmluftpaket aus seiner Ruhelage und bekommt durch die Temperaturunterschiede in der Horizontalen einen statischen Auftrieb, der die Bodenreibung der aus Kontinuitätsgründen nachströmenden Luft überkompensiert, so steigt es in der in Abschnitt I) geschilderten Form bis zu seiner Mischungshöhe auf und trägt zur Labilisierung der erreichten Schichten bei. Hat dann diese Labilitätszone schon eine gewisse Höhe erreicht, so unterschreiten die Reibungkräfte dort bald einen Schwellwert, der uns ein γ garantiert (vgl. Gleichung 7), das eine zellulare Zirkulation zuläßt, die dann eine weitere k o n t i n u i e r l i c h e Labilisierung der Schicht bis zur Inversion möglich macht. Natürlich erfolgt diese Zirkulation zumeist nicht in der in Fig. 1 schematisch dargestellten Weise. Sie wird instationär sein und bei der zumeist vorhandenen horizontalen Windbewegung in langgestreckten zellularen Wirbelschläuchen vonstatten gehen, so daß ein mitgeführtes Massenteilchen eine in sich turbulente langgestreckte Spiralbahn beschreiben muß. Vorerst rein qualitativ durchgeführte Versuche mit Schwebekörpern von $^1/_{10}$ m/Sek. Sinkgeschwindigkeit die vom Turm des Potsdamer Observatoriums gestartet wurden, widersprachen bis jetzt nicht dieser Auffassung, sondern zeigten dynamisch turbulente Schwankungen in der Größenordnung von Metern an bedeckten Tagen mit einer Windgeschwindigkeit von 5 bis 10 m/Sek. und dieselben Schwankungen, überlagert durch das spiralige Auf und Ab der Konvektionsströmung in der Größenordnung von Dekametern an Strahlungstagen mit derselben Windgeschwindigkeit. Als Quintessenz der hier entwickelten Anschauungen ergibt sich also folgendes hypothetisches Schema für den Mechanismus der thermischen Kleinkonvektion:

(Figur 3: Raum-Zeitschema der Kleinkonvektion. ///// Labilitätszone ⊔ bodennahe Warmluftschicht.)

1) Voll ausgebildete Strahlungsinversion. Beginn der Einstrahlung.
2) Ausbildung der dem Boden aufliegenden Warmluftschicht.

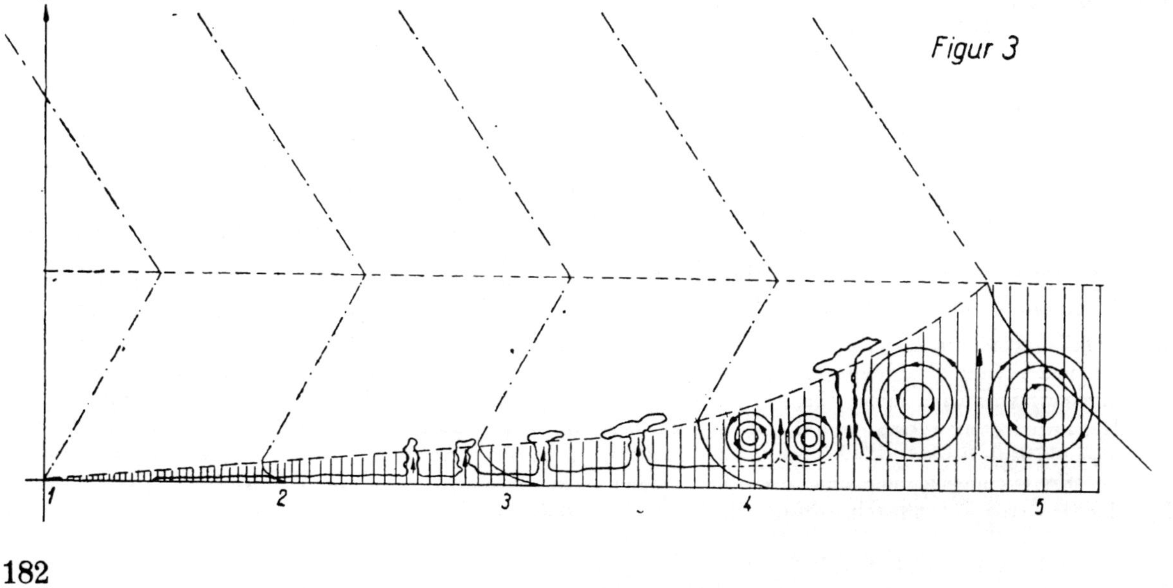

3) Fortschreiten der Labilisierung nach oben durch Ausfließen aus der untersten Warmluftschicht.

4) Überschreiten der Zirkulationsgrenzhöhe und Ausbildung von Kleinkonvektionszellen.

5) Durch das Auf und Ab der Konvektionsströmung häufigere und größere Störimpulse zur Entlüftung der bodennächsten Schicht. Dadurch rückwirkend raschere Labilisierung und Vergrößerung der Zellen bis zum Abbau der Inversion.

6) Übergang zur Großkonvektion.

Alle unter 1) bis 6) geschilderten Strömungsformen mit ihren mannigfachen Varianten, die in der Natur durch Oberflächengestalt und Oberflächenbeschaffenheit des Bodens hinzukommen, sind vorerst reine Konvektionsvorgänge, und es erscheint ratsam, sie nicht unter dem Sammelbegriff „atmosphärische Turbulenz" mit einzubeziehen, sondern diese Bezeichnung allein der Luftunruhe vorzubehalten, die durch das unbegrenzte Anwachsen von Störungsamplituden in einem instabilen Geschwindigkeitsfelde entsteht, im Gegensatz zur Konvektionsströmung, die durch das unbegrenzte Anwachsen von Störungsamplituden in einem thermisch instabilen Felde entsteht, wie die instationären Gleichungen II) 1 bis 3 zeigen, wenn man die Störgrößen proportional $e^{i\xi x} e^{i\eta y} e^{i\zeta z} e^{i\tau t}$ ansetzt und den zeitlichen Frequenzfaktor τ durch die Feldgrößen ausdrückt. Also erst unter dem Oberbegriff der instabilen Initialstörungen können beide Arten der Luftunruhe wieder zusammengefaßt werden, ohne Verwirrung in den Begriffen hervorzurufen.

Literaturverzeichnis:

(1) *Milch, W.*, Ann. d. Hydr. 1925, S. 113.

(2) *Albrecht, F.*, Wiss. Abh. d. R.f.W. 1942, Band III.

(3) *Bénard, H.*, Revue génerale des sciences pures et appl. 11, 1900, S. 1261.

(4) *Lord Rayleigh*, Phil. Mag. 1916, S. 529.

(5) *Jeffreys, H.*, Phil. Mag. 1926, S. 833.

(6) *Avsec, D.*, Comptes Rendus Acad. Paris 1936, *203:* S. 532, 556, 1318. — 1938, *206:* S. 40. — *207:* S. 565.

(7) *Mal, S.*, Beitr. z. Phys. d. fr. Atm. XVII 1931, S. 40.

(8) *Phillips u. Walker*, Q. J. Royal Met. Soc. 58, 1932, S. 23.

(9) *Löhle, F.*, Met. Zeitschr. 1941, S. 278.

Anschrift des Verfassers: Potsdam, Meteorologisches Zentralobservatorium.

Beobachtungen an Kondensfahnen

Mit 1 Abbildung

Von **Joachim Küttner**, Observatorium Zugspitze

Die Kondensfahne der Flugzeuge ist zu einer auch jedem Laien geläufigen Erscheinung geworden. Die anerkannte und herrschende Meinung über ihre Entstehung ist die der Wasserdampfanreicherung durch die Auspuffgase der Flugmotoren. (Vgl. Findeisen [2] S. 3: „Die Kondensfahnen entstehen stets infolge der Wasserdampferzeugung der Flugmotoren"). Diese Erklärung, die in den meisten Fällen zutreffen dürfte, basiert auf der Überlegung, daß ein mehrmotoriges Flugzeug Wasserdampfmengen von der Größenordnung 1 Gramm und mehr pro Meter Flugweg an die Luft abgibt.

Es dürfte daher von Interesse sein, über Kondensfahnen zu berichten, die einwandfrei andere Entstehungsursachen hatten:

I. Aus einem zweimotorigen Schnellflugzeug konnte ich in 5000 m Höhe bei einem Erprobungsflug die Bildung einer Kondensfahne laufend verfolgen, die auf folgende Weise entstand: Der Flug diente der Untersuchung des Abkippverhaltens des erwähnten (trudelanfälligen) Flugzeugtyps. Sobald das Flugzeug durch Verlangsamung der Fluggeschwindigkeit auf kritische Anstellwinkel gebracht wurde, bildete sich eine Kondensfahne an derjenigen Stelle, an der die Strömung zuerst „abriß", nämlich am Innenteil des Flügels in Rumpfnähe, wo eine Wirbelschleppe entstand, die auch das Leitwerk erfaßte und im Höhensteuer spürbar wurde. Diese Kondensfahne nebelte das Leitwerk dicht ein. Da die Wirbelbildung mit starken Druckschwankungen einhergeht, dürfte die Kondensstreifenbildung auf Turbulenz oder Unterdruck in einer nahezu wasserdampfgesättigten Luft, oder auf die Verbindung von beidem zurückgehen. Der verwendete Flugzeugtyp hatte über 250 kg/m² Flächenbelastung, gleichbedeutend mit einem mittleren Tragflügeldruck von 25 mb, der sich etwa zu ²/₃ als Unterdruck auf der Flügeloberseite und zu ¹/₃ als Überdruck auf der Flügelunterseite verteilt, aber örtlich bedeutend höhere Druckspitzen erzeugt. Bei adiabatischem Verhalten der Luft entspricht die Unterdruckbildung einer Hebung der betr. Luftmasse von der Größenordnung 200 m in diesen Höhen, was zur Wolkenbildung in feuchten oder Dunst-Schichten ausreichen kann. Beim normalen Flug treten diese Unterdrucke nur direkt über dem Flügel auf, da sich die Strömung an der Flügelhinterkante wieder schließt und nur einen mäßigen Wirbel-„Nachlauf" erzeugt. Beim überzogenen Flug bildet sich dagegen eine sehr ausgedehnte und kräftige Wirbelschleppe hinter dem Flugzeug. Es ist auch denkbar, daß in einer (wenigstens in bezug auf Eis) gesättigten Luft durch Turbulenz Sublimation ausgelöst wird. Jedenfalls wurde die Kondensfahne durch „Gasgeben" nicht beeinflußt und bildete sich sowohl im überzogenen Gleitflug wie auch im Vollgassteigflug.

Später, in einer etwas veränderten Höhe, erzeugte der Auspuff der Motoren eine „Kondens-Röhre", die wie ein Schlauch am Auspuffstutzen ansetzte und sich nach hinten konisch vergrößerte. Dies war also eine der üblichen Kondensfahnen, die durch Wasserdampfanreicherung gebildet werden.

Nach der Landung war zu beobachten, daß die Kondensfahne inzwischen eine eigenartige Entwicklung durchgemacht hatte: Sie war einseitig zerfasert. Während die alte, etwa ost-westlich verlaufende Spur sichtbar blieb, gingen — ähnlich einem cirrus vertebratus — in nördlicher Richtung feine Rippen von vielen hundert Metern Länge ab. In dieser Cirruswolke bildete sich alsbald ein H a l o und zwar offenbar der nördliche Teil des H o r i z o n t a l k r e i s e s. (Jedenfalls handelte es sich um das Stück eines Zirkumzenitalkreises, dessen Verlängerung etwa durch die Sonne zu gehen schien. (Vgl. Abb. 1.) Demnach bestand der zerfaserte Teil der Kondenswolke wahrscheinlich aus vertikal gestellten Plättchen oder Säulen. Die einseitige Auskämmung ist möglicherwseie so zu verstehen, daß diese Teilchen schneller fielen als die anderen und in eine — unter der betreffenden Schicht liegende — etwas südlichere Strömung gerieten. (Die Höhenwindmessungen vom Abend des betr. Tages geben allerdings keinen Anhalt hierfür.)

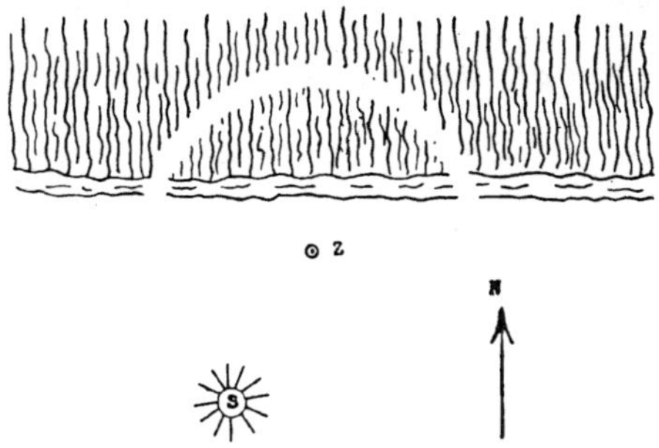

Abb. 1 Ausgefaserter Kondensstreifen in 5000 Meter Höhe mit Halo (Horizontalkreis). 3.IV.1942 14 h MEZ, Augsburg.
Z = Zenith ; S = Sonne

Zur Wolkenbildung durch Druckerniedrigung mögen noch zwei weitere Beispiele angeführt werden:

II. Im Winterhalbjahr kann man in den Morgenstunden auf Flugplätzen beim „Abbremsen" der Flugzeuge (d. h. beim Warmlaufen der Motoren) am Boden mitunter folgendes beobachten: Die Kreisfläche, die von den umlaufenden Luftschraubenblättern beschrieben wird, bildet die Grundfläche eines nach hinten gehenden Wolkenzylinders, von dem man allerdings nicht mit Sicherheit sagen kann, ob er Kondensation nur in der Mantelfläche (Propellerspitzen) aufweist (man gewinnt aber diesen Eindruck). Wahrscheinlich beruht die Wolkenbildung auf der Zentrifugierung der Luft durch die Luftschraube, die einen Unterdruck in Nähe der Blattenden erzeugt. Es handelt sich stets um eine feuchte, kalte Bodenluft, die sich im Stadium vor der Morgennebelbildung befindet, also um hohe relative Feuchten. Auch im Flug kann man mitunter Wolkenbildung an den Luftschraubenenden beobachten.

III. Schließlich möge noch über die an sich bekannte Beobachtung einer p o s i t i v e n und n e g a t i v e n Kondensfahnenbildung aus nächster Nähe berichtet werden. Da alle heute üblichen Flugzeuge auf dem Drachenprinzip beruhen, ihren Auftrieb also letzten Endes der Reaktionswirkung einer (durch die Tragflügel) herabgeschleuderten Luftmasse verdanken, ist es nicht verwunderlich, daß diese a b s t e i g e n d e Luft möglicherweise durch adiabatische Erwärmung eine Wolke zum Verdampfen bringt. Voraussetzung ist nur, daß das Flugzeug in der Nähe der Wolkenbasis fliegt, und daß es sich überhaupt um eine flache Wolkenschicht handelt. Außer dem Abwind selbst kann auch der Ü b e r d r u c k unter dem Tragflügel eine Rolle spielen. Besonders, wenn auch an der Wolkenunterseite ein F e u c h t e s p r u n g ausgeprägt ist, wird der „negative Kondensstreifen" eindrucksvoll sichtbar und die Wasserdampfanreicherung durch die Auspuffgase unwirksam werden können, denn nicht nur die adiabatische Erwärmung durch Absteigen oder Überdruck, sondern auch die V e r m i s c h u n g mit der darunter liegenden trockenen Luft wird dann zur Wirkung kommen. Daß große Feuchtesprünge auch an der Basis von Schicht-, besonders von lenticularis-Wolken oder Dunstschichten vorkommen, beweisen die Messungen von a u f m K a m p e (4) mit hochempfindlichen Hygrographen. Für bestimmte Arten hochgelegener Hindernis-Schichtwolken scheint dies, wie an anderer Stelle gezeigt werden wird, eine notwendige Bedingung zu sein. (Sog. „Lacunaris"-Wolken.) Die durch das Flugzeug ausgelöste Turbulenz kann, je nach Temperatur- und Feuchtigkeitsverhältnissen, an der Grenzschicht Wolkenauflösung oder Wolkenbildung verursachen. Möglicherweise wird so die Bildung von positiven u n d negativen Kondensstreifen, durch Motoren und Abtrieb, g l e i c h z e i t i g sichtbar. (Vgl. hierzu auch K u h l b r o d t [1] und K o s c h m i e d e r [3].)

Alles dies war am 26. 3. 1946 um 10 Uhr MEZ. auf der Zugspitze zu beobachten, als ein viermotoriger Bomber 300 m über dem Observatorium kreiste. (Eine photographische Aufnahme ist leider infolge eines Filmrisses mißlungen.) Die Temperatur dürfte nach den Messungen auf der Zugspitze in der Flughöhe (3300 m) —11° C betragen haben. Leichte ac-Schleier mit Zugrichtung aus 340° bildeten sich zu dieser Zeit über den Alpengipfeln. Das Flugzeug erzeugte zunächst in den hauchzarten Wolken einen negativen Kondensstreifen (blauen Himmel), der zu beiden Seiten durch verstärkte Wolkenränder begrenzt war, etwa so, als sei in der Mitte Abwind, außen aber Aufwind wirksam. (Dies ist bei der Tragflügelumströmung tatsächlich der Fall.) Ein Temp aus dem süddeutschen Raum liegt an diesem Tage leider nicht vor.

Kurz darauf durchflog das viermotorige Flugzeug einen wolkenfreien Raum und bildete einen sechsfachen Kondensstreifen. Die Auslösestellen waren die vier Motoren (oder Luftschrauben?) und die beiden Randwirbel an den Flügelenden (letztere zogen die breitesten Streifen nach sich.) In einigem Abstand hinter dem Flugzeug verliefen die einzelnen Teile zu einem einzigen breiten Kondensstreifen.

Die auffälligste Erscheinung aber trat auf, als das Flugzeug — in einigem Abstand luvwärts des Gipfels — im wolkenfreien Raum (ohne Kondensstreifenbildung) quer zur Windrichtung flog. Einige Minuten später entwickelte sich nämlich aus dieser Luftmasse, die inzwischen den Zugspitzgipfel erreicht hatte, eine prächtige „lacunaris"-artige Hinderniswolke, die sich erst weit im Lee auflöste. In dieser Wolke war nun ein scharf begrenzter geradliniger negativer Kondensstreifen sichtbar, der die vom Wind verschobene Flugbahn des — inzwischen längst entschwundenen — Bombers verkörperte. Das Abwindgebiet eines Flugzeuges hält sich also sehr lange, wie man auch beim Durchfliegen der Flugbahn eines anderen Flugzeugs an den heftigen Böen, selbst nach längerer Zeit noch, empfindet.

Es scheinen demnach bei jedem Flugzeug positive und negative Kondensstreifen gleichzeitig zu entstehen, die je nachdem, ob das Flugzeug in oder außerhalb der Wolkenschicht fliegt, positiv oder negativ sichtbar werden können. Der negative Teil wird hierbei durch Abwind oder Überdruck oder Turbulenz, der positive durch Wasserdampfanreicherung aus den Motoren oder durch Aufwind oder durch Turbulenz oder Unterdruck gebildet.

Zusammenfassung:

Es wird über Kondensfahnen hinter Flugzeugen berichtet, die andere Ursachen als Wasserdampfanreicherung haben (Turbulenz, Unterdruck, Aufwind), ferner über negative Kondensstreifen, die durch die Abwindwirkung des Tragflügels oder Turbulenz oder Überdruck, besonders bei einem Feuchtesprung an der Unterseite gewisser Schicht-Wolken, hervorgerufen werden. Schließlich wird die (offenbar normale) Kombination von positiven und negativen Kondensstreifen geschildert, die — je nach der Umgebung des Flugzeugs — als Wolke oder Wolkenlücke sichtbar werden kann.

Literatur:

(1) *Kuhlbrodt:* Das Wetter, 55 (1938), S. 346.

(2) *Findeisen:* Merkblatt über Kondensfahnen (Reichsamt für Wetterdienst, 1940).

(3) *Koschmieder:* Met. Z. 1942, S. 271.

(4) *aufm Kampe:* Met. Z. 1944, S. 135.

Anschrift des Verfassers: (13 b) Observatorium Zugspitze bei Garmisch-Partenkirchen (Obb.).

Witterungsbericht der sowjetischen Okkupationszone Deutschlands

Januar 1947

Bearbeitet im Meteorologischen Zentralobservatorium Potsdam

Der Januar war in der gesamten Zone ausgesprochen kalt und niederschlagsarm.

Der Schwerpunkt des winterlichen festländischen Kaltlufthochs lag zum Monatsbeginn im Nordteil Osteuropas. Der Zufluß der Festlandskaltluft dieses Hochs in die Zone vollzog sich zunächst nur langsam. Die Wolkendecke in unserem Raum — ein Vorbote von Atlantikstörungen, die nur bis in den westlichen Teil Mitteleuropas gelangten und unser Gebiet selbst nicht erreichten — blieb bis zum 3. erhalten. In der Nacht zum 4. erfolgte vom Südosten her ein fortschreitender Bewölkungsrückgang, der zur völligen Aufheiterung führte. Verbunden damit war eine weitere Frostverschärfung, welche bis zum 8. anhielt. Innerhalb dieses Zeitraumes kam es an den meisten Orten zu den tiefsten Temperaturen des Monats; insbesondere häuften sich diese zwischen dem 6. und 8. Während die Störungsfronten der Tiefdruckzentren auf dem Atlantik, deren Kette niemals abriß, im ersten Monatsdrittel nur das westliche Europa überqueren konnten und die über Mitteleuropa lagernde Kaltluft ihrem weiteren Vordringen nach Osten einen Riegel vorschob, konnten sie vom 9. ab immer weiter ostwärts ausgreifen. Sie waren von ausgedehnten Schneefallgebieten begleitet. Der strenge Frost wurde jedoch nicht sogleich gebrochen. So konnte noch am 11. im Bereich der Mecklenburgischen Seenplatte und im daran angrenzenden Norddeutschen Flachland der Tiefstwert der Temperatur erreicht werden. Die mit den Störungsfronten vom Atlantik herangeführte Luft maritimen Ursprungs überzog unseren Raum am 13. und leitete mit Temperaturen über dem Gefrierpunkt eine Tauwetterperiode ein. Die mit dieser subtropischen Warmluft herankommenden Störungsfronten gehörten zu einem südlich von Island gelegenen Zentraltief. Sie brachten dem Großteil der Zone leichte bis mäßige Regenfälle und führten vielerorts in der Zeit vom 13. bis 15. zu den Niederschlagshöchstwerten des Monats. Auch die Höchsttemperaturen wurden in der gesamten Zone im gleichen Zeitabschnitt — nämlich vom 15. bis 17. — gemessen. Inzwischen hatte sich eine Zelle hohen Druckes über den Alpen aufgebaut, die sich am 16. auch auf den Karpatenraum ausdehnte und mit einem Ausläufer des im Südteil des Urals erneut nach Westen an Raum gewinnenden Hochkerns vereinigte. Unter dem Hochdruckeinfluß trat am 16. rasche Bewölkungsabnahme ein. Randstörungen des Islandtiefs, dessen Kern in nordöstlicher Richtung nach der Barentssee wanderte, setzten nunmehr nördlicher an. Aus einer solchen Randstörung bildete sich am 17. über Südskandinavien ein Teiltief aus. Es übernahm am 18. die Funktion des alten, nunmehr im Eismeer angelangten Zentraltiefs und wanderte dabei rasch ostwärts bis in den Südraum des Weißen Meeres. An der Südflanke dieser Zyklone wurde die heitere Witterung im Laufe des 17. durch eine geschlossene Wolkendecke im Gefolge eines kräftigen, rasch nach Osten vorstoßenden, maritimen Kaltluftschwalles beendet. Am 19. entwickelte sich über der Nordsee aus einer westeuropäischen Hochdruckzelle ein ausgedehnter Kern hohen Druckes. Er kräftigte sich zunächst nördlich in meridionaler Richtung und verlagerte später seinen Schwerpunkt nach Sibirien. Unter dem Einfluß des Nordseehochs drehte die Bodenströmung auf Nord, dabei ging die Bewölkung vor allem im Norddeutschen Flachland zurück. Mit dem 19. war die milde Witterungsperiode abgeschlossen. Die anhaltende Nordströmung brachte nunmehr Kaltluft aus dem skandinavischen Raum in unser Gebiet und leitete eine neue Frostperiode ein. Zwischen einem Hoch, das über der Nordsee und Südskandinavien lag und sich später nach dem Norden der Britischen Inseln verlagerte, und einem zweiten Hoch über dem Nordural bildete sich eine Brücke höheren Druckes aus. Dadurch drehte die Luftströmung von Nord auf Nordost und sorgte für die anhaltende Zufuhr von Kaltluft. Am 24. wurde die Hochdruckbrücke über Mittelskandinavien durchbrochen. Von Norden her drang eine Tiefdruckstörung in den Ostseeraum vor. Ihr Schneefallgebiet überzog insbesondere den Nordteil der Zone. Von dieser Zeit an fiel bei vorwiegend bedecktem Himmel fast täglich etwas Schnee. Der Zustrom der kalten Festlandsluft hielt bis zum Monatsende und darüber hinaus an. Der hohe Druck verlagerte am 29. seinen Schwerpunkt nach Südskandinavien und der mittleren Ostsee, später nach dem Baltikum. Dabei drehte die Boden-

1. – 3. vorwiegend bedeckt, Frost

17. – 19. Übergang zu neuem Frost

4. – 8. meist heiter, strenger Frost

9. – 12. trübe, strichweise Niederschläge, Umstellung auf Tauwetter

20. – 28. wechselhaft, zeitweise Schneefall, strenger Frost

13. – 17. wechselhaft, zeitweise Niederschläge, allgemein milde, später heiter

29. – 31. heiter, weiterhin anhaltender Frost

luftströmung bei uns nach Ost. Mit diesem Vorgang war eine völlige Aufheiterung verbunden.

Temperatur

Die Monatsmittel der Temperatur lagen an der Ostseeküste bei — 4, im Mittelgebirsvorland nahe an — 7 Grad und schwankten in den übrigen Teilen der Zone zwischen diesen Werten. Der Vergleich mit den entsprechenden Normalwerten ergab eine Abweichung von — 3,6 bis — 3,8 Grad im Ostseegebiet und in den Höhenlagen der Mittelgebirge, sonst im Durchschnitt ziemlich gleichmäßig ein Defizit von 5,3 Grad. Die Höchsttemperatur des Monats, welche innerhalb der in der zweiten Dekade vorherrschenden milden Witterungsperiode fiel, blieb nur im Lausitzer Bergland und im Bereich der oberen Elbe etwas unter dem Normalwert, in allen anderen Teilen der Zone wurde letzterer etwa um 1,1 Grad überschritten, in den Gipfellagen der Mittelgebirge sogar um 2,2 bis 7,5 Grad. Die Tiefstwerte unterschritten dagegen die entsprechenden Regelwerte ziemlich einheitlich um 8,7 Grad. Ausgenommen hiervon waren wieder die Mittelgebirgshöhen, die nur um 4 bis 6 Grad abwichen. Der Monat wies in der Ebene etwa 26 Frosttage und 22 Eistage auf, das sind rund 5 bezw. 12 Tage über der Norm.

Niederschlag

Die geringen Niederschläge des Monats fielen in der Hauptsache in der 2. und 3. Dekade; der Nordteil der Zone war bis zum 10. weitgehend niederschlagsfrei. Im Flachland schwankte der gemessene Niederschlag zwischen 10 und 35 mm; in den Mittelgebirgsgegenden und im Bereich des Fläming wurden 35 mm, auf den Kammlagen der Gebirge sogar 80 mm überschritten. Im Vergleich zum normalen Niederschlag fielen an der Ostseeküste und im daran angrenzenden Norddeutschen Flachland 20 bis 40 vH., im Südteil des Flachlandes, im mitteldeutschen Raum einschließlich des Harzgebietes 40 bis 90 vH., und lediglich die Luvseiten der Mittelgebirge erreichten 80 bis 100 vH. Entsprechend der Niederschlagsverteilung war die Zahl der Niederschlagstage im Nordteil der Zone sehr gering und blieb mit 9 bis 11 Tagen um 9 bis 7 hinter der Normalzahl zurück, im Vorgelände der Mittelgebirge wurde die Norm mit 16 bis 17 erreicht, auf den Kammlagen mit 20 und 21 Tagen sogar überschritten. Die Zahl der Tage mit Schneefall zeigten dagegen ein etwas verändertes Bild. Im äußersten Nordteil der Zone war zwar auch ein Fehlbetrag von 2 bis 5 Tagen vorhanden, die Mitte erreichte bereits den langjährigen Durchschnitt, der Südteil überschritt ihn um 2 bis 4, die Luvseiten und Kammlagen der Mittelgebirge sogar um 4 bis 6 Tage.

Bewölkung

Die drei heiteren Tagesfolgen des Monats wirkten sich auch im durchschnittlichen Bewölkungsgrad aus, der nur im östlichen Harzvorland, durch Wolkenstau an der Luvseite des Gebirges hervorgerufen, den Normalwert um 0,8 (Quedlinburg) übertraf, sonst aber durchweg — im Nordteil der Zone um 2,0, nach Süden bis 0,3 abnehmend — im Mittel um 1,4 unterhalb des normalen Bewölkungsgrades blieb. Auch die Zahl der heiteren Tage verhielt sich entsprechend. Abgesehen von der auch hier merkbaren Luvwirkung im östlichen Harzvorland war diese Zahl im Norden besonders hoch (etwa 5 Tage über dem Normalwert) und nahm nach Süden bis auf Bruchteile eines Tages ab. Im Gegensatz hierzu befand sich die Zahl der trüben Tage. Im Norden wies sie einen Fehlbetrag von etwa 7, im Süden von 3 bis 4 Tagen auf. Ausnahmen bildeten hier wieder das ostwärts des Harzes gelegene Gebiet, aber zum Teil auch das nördliche Mittelgebirgsvorland mit einem geringen Überschuß an trüben Tagen.

Sonnenschein

Auch die Dauer des Sonnenscheins fügt sich gut in das Gesamtbild des charakteristischen Witterungsablaufes ein. Die Summe der Sonnenscheindauer ergab den Betrag von 70 bis 105 Stunden, das sind etwa 25 bis 40 vH. der überhaupt möglichen Dauer. Auch hier macht das Ostharzgebiet mit der auffallend geringen Stundensumme von 37,1 eine Ausnahme.

Die Witterung im Januar 1947

Station	Seehöhe (m)	Lufttemperatur in C⁰						Feuchtigkeit in %	Bewölkung 1—10	Niederschlag				Zahl der Tage										
		Mittel	Abweichung v. d. normalen	höchste	Datum	tiefste	Datum			Höhe mm	in % d. normalen	Maximum mm	Datum	Niederschlag ≧ 0,1 mm	Niederschlag ≧ 1,0 mm	Schnee	heitere	trübe	Nebel	Gewitter	Sturm	Eistage	Frosttage	Sommertage
Putbus	54	— 4,3	— 3,6	7,0	16.	-15,3	6.	*82*	5,7	21,7	*43*	5,0	22.	10	2	5	7	12	–	–	–	24	27	–
Warnemünde	1	— 4,2	×	8,7	16.	-15,9	6.	*84*	5,2	12,5	*30*	3,9	13.	10	4	9	6	7	–	–	–	23	26	–
Schwerin	59	— 5,2	— 4,9	8,4	16.	-21,5	11.	*82*	4,9	26,2	*48*	6,9	10.	9	7	12	8	10	2	–	–	23	26	–
Neustrelitz	64	— 6,3	— 5,4	9,9	16.	-23,3	11.	*83*	5,2	15,7	*30*	4,1	13.	11	6	7	6	9	–	–	–	23	26	–
Kyritz	49	— 5,9	— 5,1	8,9	16.	-25,0	11.	*86*	5,4	17,4	*38*	3,3	10.	10	7	4	8	8	2	–	–	23	26	–
Berlin-Dahlem	55	— 5,3	— 4,7	10,0	16.	-20,0	6.	×	5,9	25,0	*51*	4,6	15.	11	10	7	8	14	–	–	–	20	26	–
Frankfurt a O	59	— 6,3	— 5,4	8,1	16.	-22,6	11.	*81*	6,4	26,1	*65*	5,2	14.	13	6	8	5	12	2	–	–	23	26	–
Magdeburg	79	— 5,7	— 5,8	11,2	16.	-18,8	6.	*80*	5,9	18,3	*49*	4,1	28.	11	7	8	8	12	1	–	–	22	25	–
Jüterbog	65	— 5,4	— 4,6	8,5	17.	-20,8	6.	*79*	5,9	27,8	*79*	5,3	10.	13	9	9	6	13	–	–	–	19	28	–
Cottbus	74	— 5,8	— 5,1	10,5	16.	-20,3	6.	*82*	6,4	25,2	*61*	4,2	28.	14	9	9	5	14	–	–	–	22	27	–
Halle-Passend.	78	— 5,3	— 5,3	9,4	16.	-19,8	8.	*85*	5,6	19,4	*57*	4,2	28.	14	7	10	9	11	4	–	–	22	25	–
Görlitz	207	— 6,9	— 5,8	7,5	15.	-20,0	6.	*88*	6,5	21,3	*44*	3,4	14.	17	8	11	6	16	–	–	4	22	25	–
Dresden-Wahnsd.	246	— 5,8	— 4,8	7,8	15.	-20,0	6.	*84*	6,0	25,4	*60*	4,4	15.	16	9	11	8	12	4	–	–	23	25	–
Erfurt-West	254	— 6,8	— 5,7	10,8	16.	-24,3	8.	*83*	6,0	19,6	*63*	3,4	11.	16	8	11	5	12	9	–	–	20	25	–
Chemnitz	356	— 6,2	— 5,5	11,5	16.	-22,9	7.	*81*	6,3	34,5	*56*	5,7	15.	17	9	11	5	16	6	–	1	20	25	–
Sonneberg	636	— 6,7	×	6,8	16.	-11,8	28.	*89*	6,3	55,1	*69*	16,4	15.	20	9	15	5	12	12	–	–	23	31	–
Inselberg	917	— 7,4	— 3,7	5,7	16.	-18,8	28.	*90*	7,5	80,7	*74*	11,4	14.	20	14	9	5	21	25	–	8	26	30	–
Fichtelberg	1214	— 9,0	— 3,8	11,2	16.	-21,9	5.	*87*	6,9	82,6	*90*	13,6	23.	21	15	19	4	14	27	–	13	27	31	–

Die Sonnenscheindauer Januar 1947

Station	in Stunden	in vH der mögl. Dauer	Abweichung in Std. v. d. normalen	Station	in Stunden	in vH der mögl. Dauer	Abweichung in Std. v. d. normalen
Boltenhagen	99,4	*37*	—	Quedlinburg	37,1	*15*	— 15,6
Wittenberge	85,2	*33*	—	Halle-Stadt	68,4	*27*	+ 12,6
Angermünde	—	—	—	Dresden-Wahnsdorf	96,7	*35*	+ 44,0
Wall	103,1	*40*	—	Erfurt-West	76,2	*33*	+ 26,6
Potsdam	91,1	*35*	+ 38,4	Sonneberg	99,6	*39*	—
Schierke	73,9	*27*	—	Fichtelberg	83,5	*30*	+ 30,8

Sonnenflecken - Relativzahlen

Bis zum Ende des Jahres 1943 sind die täglichen Sonnenflecken - Relativzahlen in der Meteorologischen Zeitschrift veröffentlicht; zuletzt für 1943 im Band 61, Heft 5, Seite 172 (1944). Von 1945 an sind diese Daten in der Zeitschrift für Meteorologie Heft 1, Seite 31 (1946) mitgeteilt. Nachfolgend werden die Werte von 1944 nachgeliefert, sodaß nun eine lückenlose Reihe vorliegt.

Tägliche Sonnenflecken-Relativzahlen (endgültig) für das Jahr 1944

GANZE SONNENSCHEIBE

Datum	Januar	Februar	März	April	Mai	Juni	Juli	August	Sept.	Oktober	Nov.	Dez.
1	7	7	8	0	0	14	0	0	0	42[d]	11	0*
2	0	7*	0	0	0	8	10	0	W21[c]	32	11	0
3	0	0	8	0	0	0	10	7	8	46	12[a]*	0
4	0	0	7	0	0[1])	0	7	0	8	41	12	0*
5	0	0*	0	0	0	0	7	E 10[c]	0	23	14	7
6	0	0	0*	0	0*	0	7	E 20[c]	0	15	14	E 16[c]
7	0	0	0*	0	0*	0	0	22	0	8[a]	0*	16
8	0	0	0	0	0	8	0	25	0	16	0*	19[d]*
9	0	0	0*	0	0	7*	0	29	8[d]*	19	0	25
10	0*	0	0	0	0	8	8	25	11	W 17[c]	0*	44
11	0	0	0	0	0	7	8	30[a]	14	7	11	39*
12	0*	0	0	0	0	0	0	28	22	7	16	32
13	0	0	0*	0	0	0	0	19	25	0	8*	56[d]*
14	0	0	7	0	0	0	0	24	23*	0	0	37[b]*
15	0	0	0	0	0*	2*	0	M 14[c]	20[a]	8[d]	0	39
16	0	0*	E 8[c]	0	0*	3*	0	16	14	M 22[c]	9[d]	32
17	0	0	14	8*	0*	8	0	M 34[c]	12	23	9	31
18	0	0	29[d]	0	0	8*	7	31	12	21[a]	11	W 52[c]
19	0	0	31	0	0	8	7	18	14	12*	11	40[a]
20	0	0	33[a]*	0	0	8	7	23	E 20[c]	17	10	54[d]*
21	0	0	27*	0	0[2])	8	0	8	21	17[a]	11	M 51[c]*
22	8[d]	0	36	0	0	8[a]	8	0	22	18*	20[a]*	49
23	8	0	36	0	0	8	8	15	20	13*	19*	39*
24	8	0	22	0	7	8	13	E 14[c]	23[a]	9	24	41
25	8	0	14[a]	0	0	8	7	19	23*	11*	23	39*
26	8	0	14	0	0	7	0	18	22*	10*	17	31
27	13	0	12	0	0	7	7	14[a]	18	9*	17	33[a]
28	18	0	12	0	11	7	W14[c]	21	11	14	19	24
29	19	0*	15	0	19	0	11	18	9	11[d]	8*	17
30	9		7	0	W23[c]	0	10	16	M 28[c]	18	8	8
31	8		0*		16		0	0		17		9*
Mittel	3,7	0,5	11,0	0,3	2,5	5,0	5,0	16,7	14,3	16,9	10,8	28,4

a = Durchgang einer mittleren Gruppe durch den Zentralmeridian.

b = Durchgang einer starken Gruppe oder eines einzelnen größeren Flecks durch den Zentralmeridian.

c = Neubildung einer Gruppe, die sich zu einem mittleren oder großen Tätigkeitsherd entwickelt, E: auf der Ostseite, W: auf der Westseite, M: in der Nähe des Zentralmeridians (innerhalb einer kreisförmigen Zentralzone vom Radius gleich dem halben Radius der Sonnenscheibe).

d = Eintritt eines größeren Tätigkeitsherdes auf der sichtbaren Sonnenscheibe.

* = Aus auswärtigen Zählungen auf unsere Normalreihe reduziert.

[1]) Die Sternwarte in Uccle meldet an diesem Tag (4. Mai) ein ephemeres Grüppchen kleinster Flecken in 46° südl. Breite.

[2]) 4 von 26 Beobachtern, die am 21. Mai die Sonne beobachten konnten, melden einen kleinen ephemeren Fleck in 15° südl. Breite und 255° Länge.

Höhenwindmessungen Lindenberg: 1946 *)

Datum	Zeit	122 m üb.NN DD v (m/sec)	200 m üb.Gr DD v	500 m DD v	800 m DD v	1000 m DD v	1500 m DD v	2000 m DD v	2500 m DD v	3000 m DD v	3500 m DD v	4000 m DD v	4500 m DD v	5000 m DD v	6000 m DD v	7000 m DD v	8000 m DD v	9000 m DD v	10000 m DD v	11000 m DD v	Bewölkung
										Januar 1946											
9.	10.30	200 3	236 6	251 11	272 9	260 9															So 9/10
	13.25	200 2	238 7	245 10	247 9	253 9	266 14	261 [illegible]	258 18	255 16	252 16	257 22	254 18	259 10	257 13	251 13					Ac lent, Ci, 8/10
										Februar 1946											
1.	08.12	180 6	205 12	223 17	232 19	243 17	232 16	241 16	254 16												Ac, As, >9/10
2.	08.25	180 6	202 9	231 19	239 17																Ns, Fs, 10/10
3.	08.05	200 7	220 10	239 15	264 18	264 17															Sc, As, Ci, 8/10
4.	0.800	200 10	240 13	250 16	263 27	264 28	270 28														Sc, Cb, As, Ac, 9/10
10.	08.23	290 5	302 4	317 8																	Sc, 9/10
13.	14.23	340 4	337 5	332 8	331 10																Sc, 10/10
14.	09.10	230 2	249 3	305 5	305 6																Sc, 10/10
17.	08.10	260 8	303 9	304 14																	Sc, Fs, 9/10
	14.04	260 10	298 12	303 11	311 11	315 14															Cu, Fc, Ci, 5/10
18.	14.44	280 13	333 11	326 16	326 1[illegible]	326 21	329 32	328 32	325 24	328 20	331 37										Cu, Sc, Ci, 6/10
20.	07.40	230 7	255 11																		Sc, Fs, 10/10
21.	13.50	340 4	349 7	349 8	358 9	351 11	318 10														Sc, Fs, Ac, Ci, >9/10
22.	08.12	C	C	C	238 1	278 2	336 9	304 12													Sc, St, 10/10
23.	13.15	180 7	197 7	204 7																	St, 10/10
24.	14.30	270 12	277 8	285 15	285 15	290 22															Sc, Ac, As, 10/10
25.	08.[illegible]5	270 [illegible]	281 7	290 16	297 14																Sc, Fs, 9/10
	10.15	270 7	272 7	284 12																	Sc, Fs, 8/10
	15.17	290 5	296 7	289 12	294 15	294 16															Cu, Sc, 9/10
26.	07.35	C	253 2	303 4	287 10																Fs, 8/10
	13 27	120 3	129 5	165 6	174 7	185 6	215 4	237 3	251 5	261 5	272 8	280 8	289 25	291 27	288 35	287 52	288 70				Cu, Ci, 1/10
27.	08.30	100 7	129 10	177 8																	St, 10/10
28.	08.12	270 2	306 3	308 4	290 4																St, 10/10

[1]) Im Januar 1946 hat das Aeronautische Observatorium Lindenberg mit Pilotballon-Aufstiegen begonnen. Die Ergebnisse werden fortan in dieser Zeitschrift veröffentlicht. DD bedeutet Windrichtung in Graden, von N = O über E gezählt, v die Windgeschwindigkeit in m/s.

Höhenwindmessungen Lindenberg

März 1946

Datum	Zeit	122 m üb NN DD	$\frac{m}{sec}$	200 m üb.Gr. DD	v	500 m DD	v	800 m DD	v	1000 m DD	v	1500 m DD	v	2000 m DD	v	2500 m DD	v	3000 m DD	v	3500 m DD	v	4000 m DD	v	4500 m DD	v	5000 m DD	v	6000 m DD	v	7000 m DD	v	8000 m DD	v	9000 m DD	v	10000 m DD	v	11000 m DD	v	Bewölkung
2	08.10	70	4	91	7	156	9	148	11	140	12																													Sc, Fs, 10/10
4.	08.30	90	1	100	12	95	16																																	St, 10/10
	14 20	90	11	94	11	99	12																																	St, 10/10
5.	08.15	70	3	94	7																																			Sc, Fs, 10/10
7.	10.10	30	2	246	1	247	5	202	6	198	7																													Fs, 5/10
10.	14.40	90	3	107	4	113	1	109	4	114	3	192	6	204	7	207	4	229	5																					Fs, Ci, 7/10
11.	13 23	100	5	94	6	94	6	96	4	238	4	229	1	194	2	147	3	137	6	173	2	212	3	196	5	177	2	186	4	221	5	240	5	219	7					Sc, 1/10
12.	06.27	0	4	87	15																																			St, 10/10
	13.10	90	7	108	9	95	8	104	10	111	9																													Sc, 9/10
15.	13.30	270	4	282	7	293	8	307	8																															Cu, Sc, 7/10
	14.00	250	4	279	6	297	7	297	8	293	9	282	9	277	12	264	16	263	20																					Cu, Sc, 4/10
16.	06.12	20	3	46	6	[illegible]	6	49	5	44	3	352	6	360	4	285	8	276	11	269	12																			Fs, Ci, 6/10
	13.08	360	3	14	3	21	3																																	Sc, 10/10
17.	06.08	360	3	19	3	14	3	09	7	32	6	41	11	41	18	51	8	24	8	28	6	14	8																	St, 1/10
	13.45	360	3	13	3	355	4	1	5	11	8	36	11	41	10	27	8	25	8	15	8	17	12	10	12	13	10													Cu, Fc, 1/10
18.	0.616	250	1	261	3	275	1	31	3	18	6	15	14	27	11	23	10	33	13	31	9	32	11	26	14	33	12	26	17	27	20	27	22	28	28	28	32	31	29	wolkenlos
	14.16	140	3	194	2	259	3	271	5	295	4	12	6	35	5	15	6	04	8	04	7	01	9	14	10	20	11	27	11	33	26	23	32							Ci, 1/10
19.	06.15	180	3	216	6	256	7	293	6	297	6																													St, 10/10
	13 32	200	3	241	4	274	6	290	5	303	5																													St, As, 10/10
20.	06.20	80	3	259	5	250	7	286	9	279	10	282	11																											Sc, 10/10
	13.10	190	4	220	4	251	7	256	6	253	8	269	8	280	7	315	6	290	7	296	8	291	6	305	9	305	11	304	10	297	14	297	14							Ci, 7/10
21.	06.50	180	5	228	10	255	14	265	12	263	12	251	18	241	19	243	16	249	22	249	24	245	24	248	18	254	18													As, Ac, 9/10
	12.45	245	9	238	7	253	7	256	9																															Sc, As, Ci, 9/10
22.	06.13	200	5	226	8	291	9	262	8	265	8	277	12	283	16	276	18	274	20	280	22	290	22	289	26															As, Ci, > 9/10
23.	06.11	250	17	279	14	270	18																																	Sc, Fs, 10/10
25.	06.00	220	3	262	6	281	7	313	9	315	10	321	13	304	11	296	18	299	20	286	16																			Sc, As, Ci, 9/10
27.	06.35	157	1	155	3	149	3	80	2	80	1	12	3	25	7	26	13	[illegible]	13	20	16	20	22	15	25	18	24	21	30	15	27	16	24							Ac, Ci. 2/10
28.	06.00	180	2	276	7	294	9	280	7	290	5	297	8																											Sc, Ac, > 0/10
29.	06.12	70	2	85	2	89	2																																	Sc, Fs, 10/10
	13 26	160	2	157	3	124	4	132	10	132	11	112	11	71	3	68	3	24	5	31	5	24	7	10	8	6	8	354	10											Fs, Ci, 1/10
30.	06.06	110	3	172	4	188	5	190	3	202	2	263	3	275	2	282	4	300	4	330	6	317	6	330	7	336	8	355	9	356	12	352	12							Ac, Ci, [illegible]/10
31.	06.14	270	2	274	4	292	3	288	5	334	6	308	4	327	6	341	7	326	8	345	5	338	7	335	7	347	7	352	10											Ci, 6/10

Höhenwindmessungen Lindenberg

April 1946

Datum	Zeit	122 m üb.NN DD v (m/sec)	200 m üb.Gr. DD v	500 m DD v	800 m DD v	1000 m DD v	1500 m DD v	2000 m DD v	2500 m DD v	3000 m DD v	3500 m DD v	4000 m DD v	4500 m DD v	5000 m DD v	6000 m DD v	7000 m DD v	8000 m DD v	9000 m DD v	10000 m DD v	11000 m DD v	12000 m DD v	13000 m DD v	14000 m DD v	Bewölkung
1.	06.17	250 3	280 9	280 14	288 14																			St, 10/10
2.	06.15	250 1	288 5																					St, 10/10
3.	06.02	270 3	274 5	297 7	301 6	301 6	301 7	298 9	288 11	277 8	286 7	294 5	305 7	306 9	325 6	333 4	262 2	177 1	153 2	200 3	51 10			wolkenlos
4.	05.48	180 3	175 4	229 2	242 4	243 6	270 8	246 7	217 7	217 9	224 10	240 8	230 7	230 6	221 9	225 10	247 7	238 14	226 12	225 13	229 10	229 12	223 8	wolkenlos
5.	06.45	180 3	258 7	270 7	259 6	260 6	281 7	271 8	259 7	269 10	270 11	273 8	270 11	267 10										Sc, 1/10
6.	05.55	340 8	350 7	16 13	8 5	354 4																		Sc, Fs, As, 10/10
7.	05.32	270 4	291 9	315 9	308 9	306 10	320 10	335 14	327 12	345 17														Fs, 10/10
8.	05.30	250 5	269 10	288 16	282 15	291 15	295 13																	Sc, Ac, 10/10
9.	05.32	290 6	297 8	303 14	304 17	294 18	287 22	280 23																Sc, Fs, Ci, 8/10
	07.45	290 9	299 9	294 15	296 19	296 21	297 29	297 22																Fc, Ci, 2/10
10.	05.38	270 6	279 8	290 12	310 17	309 17	307 18																	Fs, Ac, Ci, 6/10
11.	05.29	270 4	299 9	311 10	307 11	297 12	298 8	283 4	279 6	308 8	338 11	348 18	347 18	352 18	349 15	341 22	348 25	355 30	345 30	331 22	323 16			Sc, 1/10
	13.10	270 4	260 6	260 9	260 9	267 9	280 10	288 10	317 7	317 10	310 12	310 11	321 14											Cu, Ci, 8/10
13.	05.30	340 4	24 4	50 3	349 4	332 7																		Sc, Fs, 9/ 0
	13.08	160 2	147 2	152 3	258 2	278 4																		Cu, Sc, 10/10
14.	16.35	130 3	154 5	176 2	222 2	281 3	352 4																	Sc, Ci, 8/10
	13.00	130 2	142 2	125 1	35 2	8 3	30 3	323 4	306 4	292 3	306 4	339 3	329 3	330 7	288 8	264 14	296 14	335 14						Cu, Sc, Ci, 4/10
15.	05.19	250 2	288 4	52 1	52 3	358 3	5 3	5 5	340 5	352 4	3 6	5 6	17 8	23 10	44 13	32 10	25 11	42 11	39 12	39 10	317 11			Sc, Ci, 2/10
	12.25	360 1	43 4	15 2	35 2	13 2	109 2																	Cu, 4/10
16.	05.20	70 4	125 11	130 9	122 8	120 9	107 9	170 3	124 1	71 2	C	C	89 3	63 2	23 2	339 1	119 7	110 6	103 10	103 9	89 6			wolkenlos
	12.44	100 6	115 3	128 5	120 6	124 5	163 6	165 4	143 3	199 1	191 2	180 3	144 4	160 2	70 1	322 2	152 10	144 12	141 11	143 25				wolkenlos
17.	05.30	140 4	227 7	252 5	253 4	272 6	267 11	263 12	259 18	273 11	259 9	246 11												Sc, < 1/10
	12.50	200 4	228 6	231 8	238 9	240 10	241 12	236 13	231 14															Cs, > 9/10
18.	05.36	250 3	261 6	290 11	285 12	285 12	274 11																	Sc, 10/10
	12.53	270 2	276 2	300 2	295 6	253 6																		Cb, As, 10/10
19.	05.37	315 4	326 7	330 9	336 7	340 7																		Sc, > 9/10
20.	05.00	260 3	2 4	3 5	3 6	344 6	4 5	15 5	14 9	19 8	24 14	17 24	13 24	10 24	17 30	16 32								Sc, 1/ 0
21.	05.10	140 4	198 10	188 8	184 7	186 5	220 6	227 6	235 4	230 3	242 3	260 2	277 2	276 5	303 4									Ci, 3/10
22.	05.30	280 4	358 5	5 4	341 2	264 2	266 4	292 6																Sc, Fs, > 9/10
23.	05.45	240 3	304 7	322 6	295 4	266 5	289 6	303 9	315 10	318 10	345 13	338 16	339 14	341 16										Sc, Fs, 2/10
	13.00	240 3	255 5	283 4	290 4																			Sc, 8/10
24.	05.17	200 2	195 6	198 3	199 3	202 3	245 4	254 6	255 5	232 4	236 6	248 6	267 5	267 10	279 7	263 9	245 9	245 10	234 12					Ci, 1/10
	12.15	180 4	221 5	180 3	226 4	225 6	245 9	247 7	241 8	234 10														Cu, 1/10
25.	05.24	130 3	200 7	216 5	216 6	234 6	227 6	227 6																Sc, 8/10
	12.10	180 3	225 6	209 4	209 5	207 4	200 7	209 6	218 9	238 8	215 6	223 9	222 11	228 10										Cu, Sc, 7/10
26.	05.30	6 3	110 6	110 8	105 6	99 7	110 7	115 7	147 5	94 3	156 3	156 3	195 5	182 5	187 3	236 4	158 4	140 4	161 8					wolkenlos
	12.15	150 7	141 5	144 5	143 7	134 4	121 9	134 12	130 7	118 8	118 8	99 5	99 5	117 3	118 8	126 6	113 6	98 7	118 5	160 9	164 10			Cu, 4/10
27.	05.21	04 4	75 7	81 7	79 7	79 7	95 6	100 6	90 8	99 5	76 7	62 7	65 7	60 7	99 4	83 7	108 8							Ac, Ci, 3/10
	12.20	20 3	30 4	30 3	30 2	54 2	300 4	304 4	319 6	321 6	331 5	338 2	275 4											Cb, Ci, 6/10
28.	13.00	270 1	309 2	246 3	235 6	235 7	245 8	233 10	227 12	225 11	244 7													St, 7/10
29.	15.10	70 3	92 8	116 6	138 5	146 5	156 5	156 5	179 4	199 8	217 4													Ac, Ci, 7/10
	12.20	160 2	154 2	164 3	154 5	152 4	159 6	155 7	164 8	164 12	175 17													Cu,Cb,Sc,Ac-lent 8/10
30.	05.30	120 2	C	136 2	180 2	212 1	233 6	242 7	225 9	228 9	215 10	213 12	204 13	200 11	219 21									Ci, 1/10
	13.00	40 3	25 3	68 2	84 4	73 4	154 3	154 4	164 8	164 10	173 9	194 11												Cu, Ac, As, Ci, 8/10

Höhenwindmessungen Lindenberg

Mai 1946

Datum	Zeit	122 m üb. NN DD	mv/sec	200 m üb. Gr. DD	v	500 m DD	v	800 m DD	v	1000 m DD	v	1500 m DD	v	2000 m DD	v	2500 m DD	v
1.	04.36	40	3	94	11	140	9	170	4	140	5	146	4	191	5	196	6
2.	05.10	290	4	307	6	340	4	355	5	334	2	147	2	155	3	195	9
	12.58	290	2	294	3	341	2	74	1	180	2	190	3	224	5	223	12
4.	05.30	360	3	18	3	33	4	35	5	13	5	24	5	352	4	345	5
	12.35	45	3	55	4	54	5	53	4	12	5	48	7	48	8		
5.	05.28	90	3	140	10	102	8	86	9	75	9	61	11	70	4	138	2
	13.14	90	3	60	7	88	5	91	5	91	6	127	5	132	77	170	8
6.	05.40	70	4	78	6	76	9	87	5	99	5	195	7	199	6		
	12.51	20	4	60	5	41	6	39	5								
7.	12.37	80	4	57	4	54	5	80	6	104	6	151	6	149	7	132	7
8.	12.40	290	5	286	9	283	9	285	10	295	10	235	9	283	15	309	8
9.	04.53	20	3	40	9	38	8	41	8	36	8	350	10	354	14	341	16
	12.30	280	3	325	7	346	6	355	8	350	8	351	7	330	5	32	2
10.	04.30	135	2	213	5	279	4	285	5	304	6	315	7	320	9	315	13
	11.55	290	5	293	4	277	7	272	9	269	8	304	8	305	13	325	15
11.	05.14	290	3	316	6	342	7										
	12.40	310	3	335	6	346	6	330	3	349	3						
12.	05.23	60	3	112	7	121	3	132	3	119	3	327	4	330	5	338	7
	11.40	90	2	116	2	137	2	130	4	129	5	182	4	198	4	257	5
13.	05.24	70	3	78	5	41	6	41	5	22	5	245	2	215	5		
	12.35	20	3	40	5	55	4	85	4	109	5	168	5	236	7	278	7
14.	12.55	200	6	209	10	210	18	204	18	204	18	200	17	209	24	207	26
16.	05.30	250	3	269	5	334	3	336	3	335	4						
17.	05.22	90	3	107	6	111	3	81	4	93	3	207	3	218	2		
	13.00	90	3	97	4	84	3										
18.	12.35	250	3	233	4	198	3	235	6	239	7	239	6				
19.	05.25	130	3	163	9	196	10	208	10	213	10	231	11	240	13	247	11
	12.50	200	4	234	5	221	5	224	6	218	7	219	10	231	14	233	16
20.	05.23	60	3	99	13	86	7	86	7	108	6	150	4	172	3	168	2
	12.12	90	3	98	8	99	17	101	20	106	19	105	13	111	14	126	13
21.	05.15	70	3	106	12	133	17	131	18	133	17	124	11	120	10	115	10
	12.35	130	7	130	9	124	9	124	5	124	7	119	9	143	6	150	4
	14.05	126	3	126	5	126	7	125	10	128	11	128	8	140	6	126	8
22.	05.03	70	4	100	11	125	9	123	8	132	7	105	9	93	9	95	8
	12.22	76	4	76	6	87	8	89	6	94	8	80	11	99	8		
23.	05.00	20	5	71	10	99	11	93	10	87	10	70	11	81	13	32	6
	12.50	40	4	72	7	69	7	103	8	100	8	103	14	105	13	103	6
24.	05.30	70	2	87	8	117	10	120	10	126	6	175	6	167	4	207	2
	12.40	80	4	85	8	92	7	103	8	134	3						
25.	05.08	70	4	93	10	112	8	114	8	123	6	134	4	170	2	179	4
	12.15	90	5	92	10	85	12	82	9	100	11	109	11	128	11	142	11
	12.42	90	6	88	6	97	12	104	12	107	11	115	11	128	11	160	8
26.	05.20	75	6	94	9	125	12	127	12	132	12	131	11	126	14	121	14
	13.20	90	6	109	7	110	10	112	8	116	10	126	12				
27.	05.10	60	3	92	7	166	6	141	8	124	9	120	7	127	7	130	10
	12.10	290	2	312	3	329	3	5	3	33	3						
	13.20	315	3	348	4	359	3	12	4	10	1	124	3				
28.	05.08	160	2	230	4	242	5	183	4	160	6	147	8	136	6	127	10
	12.37	169	2	169	3	176	4	173	5	147	7	132	8	154	11	162	9
29.	05.01	220	3	130	4	131	5	133	6	136	6	151	9	156	8	144	10
	12.00	110	5	125	8	113	8	96	6	106	6	123	9	136	11	140	11
30.	05.10	110	4	155	11	161	14	162	14	161	12	153	14	144	13	150	12
	05.37	110	5	150	11	157	14	160	13	160	13	158	13	150	14	146	13
	12.30	225	5	237	7	225	7	214	7	208	7	189	8	202	7	168	8
31.	05.13	315	2	342	3	360	2	24	1	230	1	238	3	241	4	235	4
	12.04	180	1	232	4	248	4	239	6	246	6	228	4	240	6	211	5

Datum	Zeit	3000 m DD	v	3500 m DD	v	4000 m DD	v	4500 m DD	v	5000 m DD	v	6000 m DD	v	7000 m DD	v	8000 m DD	v	9000 m DD	v	10000 m DD	v	11000 m DD	v	12000 m DD	v	13000 m DD	v	14000 m DD	v	Bewölkung
1.	04.36	197	6	186	5	188	6	175	10	159	7	198	9	195	10	226	12	236	14	234	20	237	14	199	20					Cu, Ac, Ci. 2/10
2.	05.10	195	11	199	12	206	12																							Cu, Cb, Ac, Ci, 9/10
	12.58	209	12	214	11	214	15	218	16	223	17	234	15	230	11	242	8	263	12			283	15	304	18					Cu, Ci, 7/10
4.	05.30	319	3	277	6	300	7	289	5	298	7	325	6	269	15	253	15													Sc, Ci, 2/10
	12.35																													Cu, 8/10
5.	05.28	307	3	263	6	275	5	230	1	276	4	310	5	283	8	281	7	260	9	275	8	274	21	276	16					wolkenlos
	13.14	206	6	205	7	203	6																							Cb, Cu, As, Ac. Cs, Ci,9/10
6.	05.40																													Sc, Ac, Ci, 8/10
	12.51																													Cu, Sc, Ac. 7/10
7.	12.37	86	5	118	7	121	5	120	5	73	4	91	7	50	9															Ac, ,Ci, 2/10
8.	12.40	310	9	287	10	313	8	319	7	313	12	299	8	313	8	316	8	301	7	281	6	275	7	271	6	277	7	297	8	Cu, < 1/10
9.	04.53	348	18	340	18	345	18	333	24	344	24	350	24	328	20	335	27	347	28											Ac-lent. 1/10
	12.30	359	5	14	18	358	16	348	18	349	29	347	22																	Cu, 5/10
10.	04.30	316	16	324	18	322	19	324	22	328	22	331	24	333	20	339	24	339	22	342	20	336	26							wolkenlos
	11.55	325	19	332	18	337	22	335	28	330	26	337	27																	wol- enlos
11.	05.14																													Sc, 9/10
	12.40																													Cu, 7/10
12.	05.23	331	8	312	8	286	8	291	12	285	13	301	16	293	24	283	24	279	26	283	28	281	26							Ci, 1/10
	11.40	264	6	271	8	270	8	277	10	269	13	270	13	268	20	273	22	270	32	276	33									Ci, 3/10
13.	05.24																													As, Ac, Ci, 9/10
	12.35	262	14	261	14	254	19	260	18	263	17																			Cc. Cs, Ci, 6/10
14.	12.55	207	20	205	22	188	18																							Cu, As, Ac, Cs. 9/10
16.	05.30																													Sc, Ac, As, 10/10
17.	05.22																													Sc, Ac, Ci, 7/10
	13.00																													Cu, Cs, > 9/10
18.	12.35																													Cu, Sc, Ci, 6/10
19.	05.25	241	10	253	14	232	16																							Sc, Ac, Ci, 7/10
	12.50	240	16	257	17																									Cu, Ci, 7/10
20.	05.23	162	4	216	5	199	4	188	4	175	8	222	9	207	11	211	10	221	11	206	11	220	8	233	8	216	9			Ac. Ci, 2/10
	12.12	171	5	148	3	165	8	187	8	194	4	206	4	179	10	216	10	196	14	197	14	203	11							Cu, Ci, 5/10
21.	05.15	101	7	139	5	142	3	160	4	145	8	185	6	182	5	153	12	226	11	208	11	231	8	231	8	218	8			Ci, 4/10
	12.35	163	6	186	10	159	9	161	8	175	7	176	6	114	2	310	8	303	8	291	13									Cu. Ci, 3/10
	14.05	146	8	169	10	165	8	163	6	161	10																			Cu. Ci, 2/10
22.	05.03	106	4	134	10	119	8	100	11	102	7	134	6	110	9	103	3													Ac, Ci, 3/10
	12.22																													Cu, Sc, 3/10
23.	05.00	36	8	11	10	356	12	329	10	325	8	344	10	310	12	333	10	350	17	344	22	341	23	353	11	8	3			Sc. Ac-lent, 1/10
	12.50	79	5	81	5																									Cu, Sc, 6/10
24.	05.30	209	2	178	7	226	9	205	10	212	9																			Fs, Sc. Ac. 5/10
	12.40																													Cu. Sc, > 9/10
25.	05.08	179	4	200	4	172	4	166	4	156	6	178	10	183	10	197	11	198	14	213	14									Fs. Ac, Ci, 5/10
	12.15	156	9	162	9																									Cu, Ci, 2/10
	12.42	158	8	160	6	172	8	158	9	157	10	185	8																	Cu, Ac-lent. Ci, 2/10
26.	05.20	127	16	128	14	119	10	141	13																					Ac, Cc, Ci, 7/10
	13.20																													Cu, Ac-lent, Ci, 5/10
27.	05.10	150	11	143	10	139	15	131	10	128	12	127	12	132	10	137	11	135	14	129	16									Sc. Ac, 7/10
	12.10																													Cu, Ac, Ci, 8/10
	13.20																													Cu, Sc, Ac, Ci, 8/10
28.	05.08	128	8	134	7	140	7	119	5	100	4	111	3	357	4	345	6	340	7	353	8	4	11	2	5	52	9	331	12	Fc, Ac, Ci, 3/10
	12.37	133	9	131	7	148	6	147	7	128	8	131	5	124	5	51	4	339	7	331	9	2	9							Cb, Cu, 5/10
29.	05.01	144	10	135	9	133	10	131	5	143	8	136	10	143	12	164	9	149	8	132	8	140	4							Ac, 2/10
	12.00	141	8	146	11	127	8	138	10	150	7	157	12	165	16															Cu, o, 3/10
30.	05.10	150	11	152	12																									Ci, 2/10
	05.37	154	12	154	13	145	16	154	12	154	14	153	15																	Ci, 2/10
	12.30	172	12																											Cu. As, 9/10
31.	05.13	230	3	196	3	211	3	204	3	204	4	206	6	213	9	216	12													Ac, Cs, Ci, 9/10
	12.04	221	4	226	4	232	5	238	5	229	4																			Fc, Cu, As, 10/10

Nordlicht-Beobachtungen

1. 3. März 1947: 19.25 Uhr starke rote Strahlen, unterbrochen durch wenige weiße Strahlen bis in den Zenith hinauf. Helles Segment am Nordhorizont. Intensität der roten Strahlen sehr stark, da sie durch allernächstes künstliches Licht nicht gestört wurden.

Beobachtungsort: Bahnhof Babelsberg
Beobachter: Dr. M. Richter

2. 3. März 1947. Beginn der Beobachtung 19.28 MEZ (= 2 Min. Dauer bis zum Verschwinden der Erscheinung): etwa 3 Min.

Diffus leuchtende Fläche, Farbe: rot, Höhe des oberen Randes etwa 30°, unterer Rand unscharf, linker Rand WNW, rechter Rand unscharf NNW. In der Nähe des linken Randes helleres, weißliches, senkrechtes Strahlenband, Breite etwa 3 Vollmondbreiten, überragt den oberen Rand der Fläche. Im Laufe der Beobachtungszeit wird die gesamte Erscheinung allmählich schwächer. Das Strahlenband hält sich am längsten und leuchtet vor dem Erlöschen rot.

Wetter: Sicht 25 km 7/10 Cs n e b von SW her über den Himmel, am S- und W-Horizont dichtere Ci. Heller Mondschein (4 Tage vor Vollmond).

Beobachtungsort: Kaltennordheim/Rhön
Beobachter: G. Dietze, Diplom-Meteorologe

Zeitschriftenschau

Annalen der Physik (5) **43,** 1943, Heft 6/7. E. Buchwald: Regenbogenfarben. S. 488—493. — (6) **1,** 1947, Heft 1—3. L. Prandtl: Zum Wesen der Oberflächenspannung. S. 59—64; B. Walter: Über die Geschwindigkeit der elektrischen Strömung in den Hauptentladungen eines Blitzes. S. 65—68; B. Walter: Über einige Eigentümlichkeiten bei den Vorentladungen und der Erdströmung eines Blitzschlages. S. 69—74; W. Lenz: Schiffswellen in elementarer Behandlungsweise. S. 75—82.

Annales de Géographie 52, 1943, Nr. 292. R. Musset: La distribution des pluies en France selon les saisons. S. 264—283.

Beiträge zur angewandten Geophysik 11, Heft 2. Leipzig 1944. E. A. Ermert: Magnetometrische Untersuchung eines Syenitganges am westlichen Witwatersrand. S. 121—134; Dem. A. Kyskyras: Zur Frage der Thermosemanenz von Mineralien und Gesteinen. S. 143—162; Volker Fritsch: Beiträge zur Funkgeologie. VIII. Ausbreitung Hertzscher Wellen in geolog. Leitern.

Forschungen und Fortschritte 20, 1944, Heft 19/21. W. Dieminger: Die Jonosphärenforschung und ihre Ergebnisse. S. 161—163.

Hemel en Dampkring 42, 1944. No. 9. J. Veldkamp: De ionosfeer. S. 141—148; S. W. Visser: Juiste an onguiste uitdrukkingen in de met. optics. S. 148—149.

Az. **Idöjaras** (Das Wetter) **47,** 1943, No. 9/10. F. v. Bacso: Die Sommertemp. von Budapest 1780—1939. S. 177—178; F. Desi: Gleichgewichtszustände. S. 178; J. Békeffy: Die außergewöhnlich niedrige Luftfeuchtigkeit des heurigen Frühjahres. S. 180. — No. 11/12. K. Ballenegger: Hitzeperioden. S. 209; Z. Ozorai: Die Korrektionen und Reduktionen an den Angaben des Quecksilberbarometers. S. 212; Z. Berkes: Klimaänderung oder Klimaschwankung? S. 212; F. v. Bacso: Das kalte Wetter 1942 in der großen ungar. Tiefebene. S. 212; F. v. Bacso: Die Wetterpropheten und die Landwirte. S. 212.

Journal de physique (8), **5,** 1944, Nr. 5. Z. Carrifère: Nuages lumineux diurnes. S. 95—96.

Die **Naturwissenschaften 33,** 1946, Heft 7. Harald Koschmieder: Über Böen und Tromben. S. 203 bis 211. — Heft 8. J. Zenneck: Zum 90. Geburtstag von Heinrich Hertz. S. 225—230; Max Planck: Persönliche Erinnerungen aus alten Zeiten. S. 231 bis 235; Harald Koschmieder: Über Böen und Tromben. S. 235—238.

Physikal. Zeitschrift 44, 1943. Nr. 19/20. W. Kolhörster: Die Höhenstrahlung in Berlin-Dahlem während des magn. Sturmes vom 1. März 1941. S. 393 bis 406. — Nr. 21/22. E. Bagge: Die Kernzertrümmerungen durch die kosm. Strahlung. S. 461—468, 2 Taf. — **45,** 1944, Nr. 1/2. R. Reiter: Die Glimmentladung unter der Wirkung von sichtbarem Licht und Röntgenstrahlen. S. 37—44. — Nr. 7/8. R. Pyrkosch: Neuere Ergebnisse der Höhenstrahlforschung. S. 148 bis 171. — Nr. 9/10. P. Brauer u. J. Häckl: Über wellenunabhängige Strahlungsmessungen mit Photozellen. S. 180—183; F. Löhle: Über die Lichtzerstreuung im Nebel. S. 199—205.

Polarforschung 13, 1943, Heft 2. Ruthe, Nordpolargebiet (Allgemeines, Geophysikalisches, Grönland, Spitzbergen, Nordasien, Island, Nordeuropa, Alaska). S. 1—13; Südpolargebiet (Allgemeines, Geophysikalisches, Walfang). S. 13—15, Literatur-Verzeichnis. S. 15—17.

Herausgeber und Chefredakteur: Prof. Dr. Süring, Meteorologisches Zentralobservatorium Potsdam · Verlag: Deutscher Zentralverlag GmbH., Berlin C 2, Breite Straße 37. (Leitung: Alfred Hülsenbeck, Berlin), Telefon: 42 92 37/38 · Postscheckkonto: Berlin 146 78 · Erscheint monatlich einmal · Bezugspreis: Einzelheft Mk. 4.—, Vierteljahresabonnement Mk. 12.—, zuzüglich Zustellgebühr · In Postzeitungsliste eingetragen · Bestellungen über die Postämter, den Buchhandel oder beim Verlag . Anzeigenannahme: DEWAG Deutsche Werbe- und Anzeigen GmbH., Berlin-Charlottenburg 4, Bismarckstraße 33, Fernsprecher: 32 16 38 und 32 46 28, Telegrammadresse: Dewaganzeigen Berlin · Druck: (150) - Max Lipfert, Berlin NO 55, Prenzlauer Allee 36
Veröffentlicht unter der Lizenz-Nr. 77 der Sowjetischen Militär-Administration in Deutschland

Zeitfracht Medien GmbH
Ferdinand-Jühlke-Straße 7
99095 Erfurt, Deutschland
produktsicherheit@kolibri360.de